| 1 | 6 | 7 |
|---|---|---|
| 2 | 8 | |
| 3 | | 9 |
| 4 | | 10 |
| 5 | | |

1. 制作木纹材质
2. 制作景深特效
3. 制作中式床凳
4. 制作茶几
5. 制作鼓凳
6. 制作推拉门
7. 制作双人沙发
8. 制作足球
9. 设置金属漆
10. 制作篮子

1. 制作留声机
2. 射灯体积光
3. 制作海星
4. 制作星形壁灯
5. 制作吧椅
6. 制作 MP3

| 1 | 2 |
|---|---|
| 3 | 4 |
| 5 | 6 |

1. 制作吊扇
2. 制作笔筒和铅笔
3. 制作淋水盆
4. 设置金属材质
5. 创建静物灯光
6. 制作花瓶
7. 制作螺丝刀
8. 设置花束的景深

| 1 | 2 |
|---|---|
| 3 | 5 |
| 4 | |
| 6 | 7 |
| | 8 |

| 1 | 2 |
|---|---|
| 3 | 4 |
| 5 | 6 |

1. 公装门厅
2. 制作灵动曲线小吊灯
3. 为室内场景布光
4. 现代客厅
5. 制作板式储物柜
6. 制作铁艺画框

# 3ds Max 2014

## 效果图制作
## 标准教程

微课版

**互联网＋数字艺术教育研究院 策划**

任美睿 高华 主编

人民邮电出版社

北京

图书在版编目（CIP）数据

3ds Max 2014效果图制作标准教程：微课版 / 任美
睿，高华主编. -- 北京：人民邮电出版社，2016.3（2022.7重印）
ISBN 978-7-115-41388-8

Ⅰ. ①3… Ⅱ. ①任… ②高… Ⅲ. ①三维动画软件—
教材 Ⅳ. ①TP391.41

中国版本图书馆CIP数据核字(2016)第002316号

## 内 容 提 要

本书全面系统地介绍了 3ds Max 2014 的基本操作方法和室内设计技巧，包括基本知识和基本操作、创建基本几何体、二维图形的创建、三维模型的创建、高级建模、复合对象的创建、材质和纹理贴图、灯光和摄像机及环境特效的使用、综合实训案例等内容。

本书在介绍了基础知识和基本操作后，精心设计了课堂案例，通过课堂案例的实际操作，使读者快速熟悉软件功能和室内设计思路；最后通过课堂练习和课后习题，拓展学生的实际应用能力，提高学生的软件使用技巧。在本书的最后一章，精心设置了 1 个装饰设计公司的精彩实例，力求通过实例的制作帮助读者快速地掌握室内效果图制作的设计理念和设计元素，顺利达到实战水平。

本书适合作为高等院校和培训机构艺术专业及室内设计等课程的教材，也可作为 3ds Max 自学人员和喜爱室内效果图设计的读者的学习用书或参考用书。

♦ 主　　编　任美睿　高华
　　责任编辑　邹文波
　　执行编辑　税梦玲
　　责任印制　沈　蓉　彭志环
♦ 人民邮电出版社出版发行　　北京市丰台区成寿寺路 11 号
　　邮编 100164　　电子邮件 315@ptpress.com.cn
　　网址 http://www.ptpress.com.cn
　　固安县铭成印刷有限公司印刷
♦ 开本：787×1092　1/16　　　　彩插：2
　　印张：17　　　　　　　　　2016 年 3 月第 1 版
　　字数：477 千字　　　　　　2022 年 7 月河北第 10 次印刷

定价：45.00 元

读者服务热线：(010)81055256　印装质量热线：(010)81055316
反盗版热线：(010)81055315

# 前言　FOREWORD

## 编写目的

3ds Max 功能强大、易学易用，深受网页制作爱好者和网页设计师的喜爱。为了让读者能够快速且牢固地掌握 3ds Max 软件，人民邮电出版社充分发挥在线教育方面的技术优势、内容优势、人才优势，潜心研究，为读者提供一种"纸质图书＋在线课程"相配套，全方位学习 3ds Max 软件的解决方案。读者可根据个人需求，利用图书和"微课云课堂"平台上的在线课程进行碎片化、移动化的学习，以便快速全面地掌握 3ds Max 软件以及与之相关联的其他软件。

## 平台支撑

"微课云课堂"目前包含近 50 000 个微课视频，在资源展现上分为"微课云""云课堂"两种形式。"微课云"是该平台中所有微课的集中展示区，用户可随需选择；"云课堂"是在现有微课云的基础上，为用户组建的推荐课程群，用户可以在"云课堂"中按推荐的课程进行系统化学习，或者将"微课云"中的内容进行自由组合，定制符合自己需求的课程。

◇ **"微课云课堂"主要特点**

**微课资源海量，持续不断更新：**"微课云课堂"充分利用了出版社在信息技术领域的优势，以人民邮电出版社 60 多年的发展积累为基础，将资源经过分类、整理、加工以及微课化之后提供给用户。

**资源精心分类，方便自主学习：**"微课云课堂"相当于一个庞大的微课视频资源库，按照门类进行一级和二级分类，以及难度等级分类，不同专业、不同层次的用户均可以在平台中搜索自己需要或者感兴趣的内容资源。

# FOREWORD

**多终端自适应，碎片化移动化：** 绝大部分微课时长不超过 10 分钟，可以满足读者碎片化学习的需要；平台支持多终端自适应显示，除了在 PC 端使用外，用户还可以在移动端随心所欲地进行学习。

◇ **"微课云课堂"使用方法**

扫描封面上的二维码或者直接登录"微课云课堂"（www.ryweike.com）→用手机号码注册→在用户中心输入本书激活码（0b82968a），将本书包含的微课资源添加到个人账户，获取永久在线观看本课程微课视频的权限。

此外，购买本书的读者还将获得一年期价值 168 元的 VIP 会员资格，可免费学习 50 000 个微课视频。

## 内容特点

本书章节内容按照"课堂案例—软件功能解析—课堂练习—课后习题"这一思路进行编排，且在本书最后一章设置了专业设计公司的一个商业实例，以帮助读者综合应用所学知识。

**课堂案例：** 精心挑选课堂案例，通过对课堂案例的详细操作，使读者快速熟悉软件基本操作和设计基本思路。

**软件功能解析：** 在对软件的基本操作有一定了解之后，再通过对软件具体功能的详细解析，帮助读者深入掌握该功能。

**课堂练习和课后习题：** 为帮助读者巩固所学知识，设置了课堂练习这一环节，同时为了拓展读者的实际应用能力，设置了难度略为提升的课后习题。

## 学时安排

本书的参考学时为 41 学时，讲授环节为 27 学时，实训环节为 14 学时。各章的参考学时参见以下学时分配表。

| 章 | 课 程 内 容 | 学 时 分 配 | |
|---|---|---|---|
| | | 讲 授 | 实 训 |
| 第 1 章 | 基本知识和基本操作 | 2 | |
| 第 2 章 | 创建基本几何体 | 3 | 2 |
| 第 3 章 | 二维图形的创建 | 3 | 1 |
| 第 4 章 | 三维模型的创建 | 4 | 2 |
| 第 5 章 | 高级建模 | 2 | 2 |
| 第 6 章 | 复合对象的创建 | 3 | 2 |
| 第 7 章 | 材质和纹理贴图 | 3 | 2 |
| 第 8 章 | 灯光和摄像机及环境特效的使用 | 3 | 1 |
| 第 9 章 | 综合实训案例 | 4 | 2 |
| 课 时 总 计 | | 27 | 14 |

# FOREWORD

## 资源下载

为方便读者线下学习或教师教学，本书提供书中所有案例的微课视频、基本素材和效果文件，以及教学大纲、PPT 课件、教学教案等资料，用户请登录微课云课堂网站并激活本课程，进入下图所示界面，点击"下载地址"进行下载。

## 致 谢

本书由互联网＋数字艺术教育研究院策划，由任美睿、高华任主编，王萍完成了第 9 章的编写工作，在此对王萍表示感谢。另外，相关专业制作公司的设计师为本书提供了很多精彩的商业案例，也在此表示感谢。

编 者

2015 年 10 月

# 目录 CONTENTS

# CONTENTS

# CONTENTS

1

# 第1章
# 基本知识和基本操作

本章将介绍室内设计的一些基本常识，并对3ds Max 2014软件中的操作界面、坐标系统、选择方式、物体变换、复制、捕捉、对齐、撤销与重做以及物体的轴心控制等常用的工具介绍。

**课堂学习目标**

- 了解3ds Max与室内设计的关系

- 了解3ds Max中文版的操作界面

- 掌握常用的工具

# 1.1 3ds Max 室内设计概述

### 1.1.1 室内设计概述

人的一生，绝大部分时间是在室内度过的。因此，人们设计创造的室内环境，必然会直接关系到室内生活、生产活动的质量，关系到人们的安全、健康、效率、舒适等。

室内设计是根据建筑物的使用性质、所处环境和相应标准，运用物质技术手段和建筑设计原理，创造功能合理、舒适优美、满足人们物质和精神生活需要的室内环境。图 1-1、图 1-2、图 1-3 和图 1-4 所示的是一些室内效果图，不同的环境给人以不同的感觉。现代室内设计明确地把"创造满足人们物质和精神生活需要的室内环境"作为设计的目的，现代室内设计是一种综合的室内环境设计，涉及视觉环境和工程技术方面的内容，也包括声、光、热等物理环境以及氛围、意境等心理环境和文化内涵等内容。对室内设计含义的理解，以及它与建筑设计的关系，需要从不同的视角、不同的侧重点来分析。

图 1-1

图 1-2

图 1-3

图 1-4

为了保证设计质量，标准的室内设计一般可以分为四个阶段：准备阶段、方案设计阶段、施工图设计阶段和设计实施阶段。

（1）设计准备阶段：设计准备阶段就是与客户签订合同，或者是根据标书要求参加投标；明确设计期限指定设计计划进度安排，考虑各工种的配合与协调；明确设计任务和要求，熟悉设计有关的规范和定额标准，收集分析必要的资料和信息，包括对现场的调查以及对同类型实例的参考；还包括设计费标准，即室内设计收取业主设计费占室内装饰总投入资金的百分比。

（2）方案设计阶段：方案设计阶段是在设计准备阶段的基础上，进一步收集、分析、运用与设计人物有关的资料与信息，构思立意，进行初步方案设计，深入设计，进行方案的分析与比较。

（3）施工图设计阶段：室内设计施工必须要有平面布局、室内立面和平顶等图纸，还需要包括构造节点的细部大样详图以及设备管线图，编制施工说明和造价预算。

（4）设计实施阶段：设计实施阶段也就是工程的施工阶段，室内工程在施工前，设计人员应向施工单位进行设计意图说明以及图纸的技术交流；工程施工期间需按图纸要求核对施工实况，有时还需根据现场实况对图纸的局部进行修改或补充；施工结束时，会同质检部门和建设单位进行工程验收。

### 1．家装设计与美术基础

通过对图 1-5 所示的透视效果图的表现能力来观察一个效果图设计师是否具有深厚的美术基础和艺术修养。

一个效果图设计师审美修养的培育，透视效果图表现能力的提高，都有赖于深厚的美术基本功底。活跃的思路、快速的表现方法，可以通过大量的如图 1-6 所示的室内速写得到锻炼。是否具有准确的空间形体造型能力，清晰的空间投影概念，可以通过图 1-7 所示的结构素描来判断。丰富敏锐的色彩感觉，可以通过多练习如图 1-8 所示的色彩写生来培养。

图1-5

图1-6

图1-7

图1-8

处于设计元素多元化的时代，人们对建筑效果图作品的要求也在不断提高。人们不再有从众心理，而是追求个性化的、理想化的作品。这样的设计作品，无疑是需要广阔的设计思路和创新理念，否则，设计师终会被本行业所淘汰。

对于一个成熟的设计师来说，仅仅具备美术基础，这还是远远不够的。室内设计师还要对材料、人体工程学、结构、光学、摄影、历史、地理、民族风情等一些相关知识有所掌握。这样，其设计作品才会有内容、有内涵、有文化。

效果图设计是属于实用美术类的范畴。如果设计的成果只存在艺术价值，而忽略其使用功能，那么，这个设计只能是以失败而告终，同时，也就失去了室内设计的意义。

### 2．色彩搭配

没有难看的颜色，只有不和谐的配色。在一所房子中，色彩的使用还蕴藏着健康的学问。太强烈的色彩，易使人产生烦躁的感觉甚至影响人的心理健康。把握一些基本原则，家庭装饰的用色并不难。室内的装修风格非常多，合理地把握这些风格的大体特征加以应用，并时刻把握最新、最流行的装修风格，对于设计师是非常有必要的。

色环其实就是彩色光谱中所见的长条形的色彩序列，只是将首尾连接在一起，使红色连接到另一端的紫色而已。色环通常包括 12 种不同的颜色，如图 1-9 所示。

如果能将色彩运用和谐，就可以随心所欲地装扮自己的爱家。

（1）黑＋白＋灰＝永恒经典：一般人在居家中，不太敢尝试过于大胆的颜色，认为还是使用白色比较安全。黑加白可以营造出强烈的视觉效果，近年来流行的灰色融入其中，缓和了黑与白的视觉冲突感觉，从而营造出另外一种不同的韵味。3 种颜色搭配出来的空间中，充满冷调的现代与未来感。在这种色彩情景中，会由简单而产生出理性、秩序与专业感，如图 1-10 所示。

（2）银蓝＋敦煌橙＝现代＋传统：以蓝色系与橙色系为主的色彩搭配，表现出现代与传统，古与今的交汇，碰撞出兼具现代与复古的视觉感受。蓝色系与橙色系原本属于强烈的对比色系，只是在双方的色度上有些变化，这两种色彩能给予空间一种新的生命，如图 1-11 所示。

图1-9

图1-10

图1-11

（3）蓝＋白＝浪漫温情：无论是淡蓝还是深蓝，都可把白色的清凉与无暇表现出来，这样的白令人感到十分的自由，令人的心胸开阔，似乎像海天一色般开阔自在。蓝色与白色合理的搭配给人以放松、冷清的感觉，如地中海风格主要就是以蓝色与白色进行搭配，如图 1-12 所示。

（4）黄＋绿＝新生的喜悦：黄色和绿色的配色方案可以令活力复苏。鹅黄色是一种清新、鲜嫩的颜色，代表的是新生的喜悦，淡绿色是让内心感觉平静的色调，使人感觉清风拂面，可以中和黄色的轻快感，让空间沉稳下来，这样的配色方法是十分适合年轻夫妻使用的，如图 1-13 所示。

### 3．色彩与风格

色彩心理学家认为，不同颜色对人的情绪和心理的影响有所差别。色彩心理是客观世界的主观反映。不同波长的光作用于人的视觉器官而产生色感时，必然导致人产生某种带有情感的心理活动。事实上，色彩生理和色彩心理是同时交叉进行的过程，他们之间既相互联系又相互制约。在一定的生理变化时，就会产生一定的心理活动；在有一定的心理活动时，也会产生一定的生理变化。比如，红色能使人生理上脉搏加快，血压升高，心理上具有温暖的感觉。长时间红光的刺激，会使人心理上产生烦躁不安，在生理上欲求相应的绿色来补充平衡。因此，色彩的美感与生理上的满足和心理上的快感有关。

图 1-12

图 1-13

（1）色彩心理与年龄有关：根据实验室心理学的研究，人随着年龄上的变化，生理结构也发生变化，色彩所产生的心理影响随之有别。有人做过统计：儿童大多喜爱鲜艳的颜色。婴儿喜爱红色和黄色，4～9 岁儿童最喜爱红色，9 岁的儿童喜爱绿色，7～15 岁的小学生中男生的色彩爱好次序为绿、红、青、黄、白、黑；女士的爱好次序是绿、红、白、青、黄、黑。随着年龄的增长，人们的色彩喜好逐渐向复色过渡，逐渐向黑色靠近。这是因为儿童刚走入这个大千世界，脑子思维一片空白，什么都是新鲜的，需要简单的、新鲜的、强烈刺激的色彩，他们神经细胞产生得快，补充得快，一切都有新鲜感。随着年龄的增长，脑神经记忆库已经被其他刺激占去了许多，色彩感觉相应会成熟和柔和些。

（2）色彩与心理职业有关系：体力劳动者喜爱鲜艳色彩，脑力劳动者喜爱调和色彩。农牧区喜爱极鲜艳的，成补色关系的色彩；高级知识分子则喜爱复色、淡雅色、黑色等较成熟的色彩。

（3）色彩心理与社会心理有关：由于不同时代在社会制度、意识形态、生活方式等方面的不同，人们的审美意识和审美感受也不同。古典时代认为不和谐的配色在现代却被认为是新颖的、美的配色。所谓反传统的配色在装饰色彩史上的例子是举不胜举的。一个时代色彩的审美心理受社会心理的影响很大，所谓"流行色"就是社会心理的一种产物。时代的潮流，现代科技的新成果，新的艺术流派的产生，甚至是自然某种异常现象所引起的社会心理都可能对色彩心理发生作用。当一些色彩被赋予时代精神的象征意义，符合人们的认识、理想、兴趣、爱好、欲望时，那么这些具有特殊感染力的色彩会流行开来。比如，20 世纪 60 年代初，宇宙飞船的上天，人类开拓了进入新的宇宙空间的新纪元，这个标志着新的科学时代的重大事件曾轰动世界，各国人民都期待着宇航员从太空中带回新的趣闻。色彩研究家抓住了人们的心理，发布了所谓"流行宇宙色"，结果在一个时期内流行于全世界。这种宇宙色的特色是浅淡明快的高色调，抽象，无复色。不到一年，又开始流行低长调、成熟色，暗中透亮，几何形的格子花布。但一年后，又开始流行低短调，复色抽象，形象模糊，似是而非的时代色。这就是动态平衡的审美欣赏的循环。

（4）共同的色彩感情：虽然色彩引起的复杂感情是因人而异的，但由于人类生理构造和生活环境等方面存在着共性，因此对大多数人来说，无论是单一色，或者是混合色，在色彩的心理方面，也存在着共同的色彩感情。根据心理学家的研究，色彩传递出的情感主要表现在 7 个方面，即色彩的冷暖、色彩的轻重感、色彩的软硬感、色彩的强弱感、色彩的明快感与忧郁感、色彩的兴奋感与沉静感、色彩的华丽感与朴实感。

正确地应用色彩美学，还有助于改善居住条件。宽敞的居室采用暖色装修，可以避免房间给人以空旷感；房间小的住户可以采用冷色装修，在视觉上让人感觉大些。人口少而感到寂寞的家庭居室，配色宜选暖色；人口多而感觉喧闹的家庭居室宜用冷色。同一家庭，在色彩上也有侧重，卧室装修色调暖些，有利于增进夫妻感情的和谐；书房用淡蓝色装饰，使人能够集中精力学习、研究；餐厅里，红棕色的餐桌，有利于增进食欲。对不同的气候条件，运用不同的色彩也可以在一定程度上改变环境气氛。在严寒的北方，人们希望室内墙壁、地板、家具、窗帘选用暖色装饰会有温暖的感觉；反之，南方气候炎热潮湿，采用青、绿、蓝色等冷色调装饰居室，感觉上比较清凉些。

研究由色彩引起的共同感情，对于装饰色彩的设计和应用具有十分重要的意义。

① 恰当地使用色彩装饰在工作上能减轻疲劳，提高工作效率。

② 办公室冬天的朝北房间，使用暖色能增加温暖感。

③ 住宅采用明快的配色，能给人以宽敞、舒适的感觉。

④ 娱乐场所采用华丽、兴奋的色彩能增强欢乐、愉快、热烈的气氛。

⑤ 学校、医院采用明洁的配色能为学生、病员创造安静、清洁、卫生、幽静的环境。

### 1.1.2 室内建模的注意事项

模型是室内效果图的基础，准确、精简的建筑模型是效果图制作成功最根本的保障，3ds Max 2014 以其强大的功能、简便的操作成为室内设计师建模的首选软件。要真正进行室内建模，有几点要注意的事项。

#### 1. 建筑单位必须统一

制作建筑效果图，最重要的一点就是必须使用统一的建筑单位。3ds Max 2014 具有强大的三维造型功能，但它的绘图标准是"看起来是正确的即可"，而对于设计师而言，往往需要精确定位。因此，一般在 AutoCAD 中建立模型，再通过文件转换导入 3ds Max 2014。用 AutoCAD 制作的建筑施工图都是以毫米为单位的。本书中制作的模型也是使用毫米为单位的。

3ds Max 2014 中的单位是可以选择的。在设置单位时，并非必须使用毫米为单位，因为输入的数值都是通过实际尺寸换算为毫米的。也就是说，用户如果使用其他单位进行建模也是可以的，但应该根据实际物体的尺寸进行单位的换算，这样才能保证制作出的模型和场景不会发生比例失调的问题，也不会给后期建模过程中导入模型带来不便。

所以，进行模型制作时一定要按实际尺寸换算单位进行建模。对于所有制作的模型和场景，也应该保证使用相同的单位。

#### 2. 模型的制作方法

通过几何体的搭建或命令的编辑，可以制作出各种模型。

3ds Max 2014 的功能非常强大，制作同一个模型可以使用不同的方法，所以书中介绍的模型的制作方法也不只限于此，灵活运用修改命令进行编辑，就能通过不同的方法制作出模型。

#### 3. 灯光的使用

使用 3ds Max 2014 建模，灯光和摄像机是两个重要的工具，尤其是灯光的设置。在场景中进行灯光的设置不是一次就能完成的，需要耐心调整，才能得到好的效果。由于室内场景中的光线照射非常复杂，所以要在室内场景中模拟出真实的光照效果，在设置灯光时就需要考虑到场景的实际结构和复杂程度。

三角形照明是最基本的照明方式，它使用 3 个光源。主光源最亮，用来照亮大部分场景，通常会投射阴影；背光用于将场景中物品的背面照亮，可以展现场景的深度，一般位于对象的后上方，光照强度一般要小于主光源；辅助光源用于照亮主光源没有照射到的黑色区域，控制场景中的明暗对比度，亮的辅助光源能平均光照，暗的辅助光源能增加对比度。

较大的场景，一般会被分成几个区域，分别对这几个区域进行曝光。

如果渲染出图后对灯光效果还是不满意，可以使用 Photoshop 软件进行修饰。

#### 4. 摄像机的使用

3ds Max 2014 中的摄像机与现实生活中的摄像机一样，也有焦距和视野等参数。同时，它还拥有超越真实摄像机的能力，更换镜头、无级变焦都能在瞬间完成。自由摄像机还可以绑定在运动的物体上来制作动画。

在建模时，可以根据摄像机视图的显示创建场景中能够被看到的物体，这种做法可以不必将所有物体全部创建，从而降低场景的复杂度。比如，一个场景的可见面在摄像机视图中不可能全部被显示出来，这样在建模时只需创建可见面，而最终效果是不变的。

摄像机创建完成后，需要对摄像机的视角和位置进行调节，48mm 是标准人眼的焦距。使用短焦距能模拟出鱼眼镜头的夸张效果，而使用长焦距则用于观察较远的景色，保证物体不变形。摄像机的位置也很重要，镜头的高度一般为正常人的身高，即 1.7m，这时的视角最真实。对于较高的建筑，可以将目标点抬高，用来模拟仰视的效果。

### 5．材质和纹理贴图的编辑

材质是表现模型质感的重要因素之一。创建模型后，必须为模型赋予相应的材质，才能表现出具有真实质感的效果。有些材质，需要配合灯光和环境，才能表现出效果；如建筑效果图中的玻璃质感和不锈钢质感等，都具有反射性，如果没有灯光和环境的配合，效果是不真实的。

## 1.2　3ds Max 2014 的操作界面

运行 3ds Max 界面环境首先映入眼帘的就是视图和面板，这两个板块为 3ds Max 中重要的操作界面，配合一些其他工具来制作模型。

### 1.2.1　3ds Max 2014 系统界面简介

在学习 3ds Max 2014 之前，首先要认识它的操作界面，并熟悉各控制区的用途和使用方法，这样才能在建模操作过程中得心应手地使用各种工具和命令，并可以节省大量的时间。下面就对 3ds Max 2014 的操作界面进行介绍。

3ds Max 2014 的操作界面主要包括标题栏与菜单栏、主工具栏、命令面板、视图控制区、动画播放控件、脚本侦听器、状态栏和提示行，以及工作视图（工作区）等几大部分，如图 1-14 所示。

图 1-14

### 1.2.2 标题栏与菜单栏

标题栏与菜单栏位于主窗口的顶部，如图 1-15 所示。每个菜单名称表明该菜单上命令的用途。单击菜单名时，下面弹出很多命令。

图 1-15

- □（新建场景）按钮：通过单击 □（新建场景）按钮，以开始一个新的场景。
- ◎（打开文件）按钮：通过单击 ◎（打开文件）按钮，以打开保存的场景。
- 目（保存文件）按钮：通过单击 目（保存文件）按钮，以保存当前打开的场景。
- ↶·（撤销场景操作）按钮：通过单击 ↶·（撤销场景操作）按钮以撤销上一个操作。单击向下箭头以显示以前操作的排序列表，以便用户可以选择撤销操作的起始点。
- ↷·（重做场景操作）按钮：通过单击 ↷·（重做场景操作）按钮，以重做上一个操作。单击向下箭头以显示以前操作的排序列表，因此用户可以选择重做操作的起始点，具体操作与 ↶·（撤销场景操作）相同，这里就不详细介绍了。
- 叠（项目文件夹）按钮：通过单击 叠（项目文件夹）按钮，以打开一个对话框。该对话框允许您为当前场景设置项目文件夹，便于有组织地为特定项目放置所有文件。
- ▲ 按钮菜单：该按钮菜单与以前版本的"文件"材质相同，包含用于管理文件的命令，如新建、重置、打开、保存、另存为、导入、导出等命令，如图 1-16 所示。
- "编辑"菜单：该菜单包含用于在场景中选择和编辑对象的命令，如撤销、重做、暂存、取回、删除、克隆、移动等对场景中的对象进行编辑的命令，如图 1-17 所示。
- "工具"菜单：在 3ds Max 场景中，"工具"菜单显示可帮助您更改或管理对象，特别是对象集合的对话框，如图 1-18 所示，从下拉菜单中可以看到常用的工具和命令。
- "组"菜单：该菜单包含用于将场景中的对象成组和解组的功能，如图 1-19 所示。组可将两个或多个对象组合为一个组对象。可以为组对象命名，然后像任何其他对象一样对它们进行处理。

图 1-16　　　　　　　　图 1-17　　　　　　　　图 1-18　　　　　　　　图 1-19

- "视图"菜单：该菜单包含用于设置和控制视口的命令，如图 1-20 所示。通过鼠标单击视口标

签 [+][透视][真实] 也可以访问该菜单上的某些命令，如图 1-21 所示。

- "创建"菜单：该菜单提供了一个创建几何体、灯光、摄影机和辅助对象的方法。该菜单包含各种子菜单，它与创建面板中的各项是相同的，如图 1-22 所示。

- "修改器"菜单：该菜单提供了快速应用常用修改器的方式。该菜单划分了一些子菜单。此菜单上各个项的可用性取决于当前选择，如图 1-23 所示。

图 1-20      图 1-21      图 1-22      图 1-23

- "动画"菜单：该菜单提供一组有关动画、约束和控制器以及反向运动学解算器的命令，还提供自定义属性和参数关联控件，以及用于创建、查看和重命名动画预览的控件，如图 1-24 所示。

- "图形编辑器"菜单：使用该菜单可以访问用于管理场景及其层次和动画的图表子窗口，如图 1-25 所示。

- "渲染"菜单：该菜单包含用于渲染场景、设置环境和渲染效果、使用 Video Post 合成场景以及访问 RAM 播放器的命令，如图 1-26 所示。

- "自定义"菜单：该菜单包含用于自定义 3ds Max 用户界面（UI）的命令，如图 1-27 所示。

图 1-24      图 1-25      图 1-26      图 1-27

- "MAXScript"菜单：该菜单包含用于处理脚本的命令，这些脚本是使用软件内置脚本语言 MAXScript 创建而来的，如图 1-28 所示。
- "帮助"菜单：通过"帮助"菜单可以访问 3ds Max 联机参考系统，如图 1-29 所示。"欢迎使用屏幕"命令显示第一次运行 3ds Max 时默认情况下打开的"欢迎使用屏幕"对话框。"用户参考"命令显示 3ds Max 联机"用户参考"等，为用户学习提供了方便。

图 1-28

图 1-29

### 1.2.3　主工具栏

通过主工具栏可以快速访问 3ds Max 中很多常见任务的工具和对话框，如图 1-30 所示。

图 1-30

下面我们对主工具栏中的各个工具进行介绍，以便后面的应用。

- （选择并链接）：将两个对象进行父子关系链接，定义层级关系，以便进行链接运动操作。
- （断开当前选择链接）：使用该按钮可移除两个对象之间的层次关系。
- （绑定到空间扭曲）：将选择的对象绑定到空间扭曲对象上，使它受到空间扭曲对象的影响。空间扭曲对象是一类特殊的对象，它们本身不能被渲染，起到的作用是限制或加工绑定的对象，如风力、波浪、爆炸等，它们起着非常重要的作用。
- 全部 （选择过滤器）：在宏观上对对象类型进行过滤的控制。它可以禁用特定类别对象的选择，从而快捷准确地根据需要进行选择。默认为"全部"，即不产生过滤作用。该工具非常适合在复制的场景中对某一类对象进行选择。
- （选择对象）：使用该工具选择一个或多个对象进行操作。直接点取对象就可以将对象选择，被选择的对象则的白色线框方式显示，如果实例着色模式，则显示一个白色的八角边框。
- （按名称选择）：通过对象名称来指定选择。这种选择方式快捷准确，在进行复杂场景的操作时是必不可少的。要求为对象起的名称具有代表性和可识别性，以便在选择框中选择时更便于识别。
- （矩形选择区域）：可以使用矩形选择完全位于选择区域中的对象（窗口方法），也可以选择位于选择图形内或与其触及的对象（交叉方法）。将鼠标光标移至 （矩形选择区域）按钮上，按住鼠标左键不放，会弹出隐藏按钮，从中可以选择以哪种状态方式选择区域，其中包括 （圆形选择区域）、 （围栏选择区域）、 （套索选择区域）和 （绘制选择区域）。

- <0> （窗口 / 交叉）：在按区域选择时，单击使用<0>（窗口 / 交叉）可在窗口选择和交叉选择方法之间进行切换。

- <0> （选择并移动）：使用<0>（选择并移动）按钮来选择并移动对象。要移动单个对象，则无须先选择<0>（选择并移动）按钮。当该按钮处于活动状态时，单击对象进行选择，并拖动鼠标以移动该对象。

- <0> （选择并旋转）：围绕一个轴旋转对象时（通常情况如此），不要旋转鼠标以期望对象按照鼠标运动来旋转，只要直上直下地移动鼠标即可。朝上旋转对象与朝下旋转对象方式相反。

- <0> （选择并缩放）：缩放工具可以沿着轴线或者等比例缩放模型，在隐藏的工具中可选择均匀缩放、非均匀缩放和选择并挤压 3 种工具类型。

- 参考坐标系：使用"参考坐标"系列表，可以指定变换（移动、旋转和缩放）所用的坐标系。选项包括"视图""屏幕""世界""父对象""局部""万向""栅格""工作"和"拾取"，如图 1-31 所示。

- <0> （使用轴心点）：<0>（使用轴心点）弹出按钮提供了对用于确定缩放和旋转操作几何中心的 3 种方法的访问。使用<0>（使用轴心点）弹出按钮中的<0>（使用轴心点）选项，可以围绕其各自的轴点旋转或缩放一个或多个对象。自动关键点处于活动状态时，<0>（使用轴心点）将自动关闭，并且其他选项均处于不可用状态。使用<0>（使用选择中心）按钮，可以围绕其共同的几何中心旋转或缩放一个或多个对象。如果变换多个对象，该软件会计算所有对象的平均几何中心，并将此几何中心用作变换中心。使用<0>（使用变换坐标中心）按钮，可以围绕当前坐标系的中心旋转或缩放一个或多个对象。

图 1-31

- <0> （选择并操纵）：使用"选择并操纵"工具可以通过在视口中拖动"操纵器"来编辑某些对象、修改器和控制器的参数。

- <0> （键盘快捷键覆盖切换）：使用"键盘快捷键覆盖切换"，可以在只使用"主用户界面"快捷键和同时使用主快捷键和组（如：编辑 / 可编辑网格、轨迹视图、NURBS 等）快捷键之间进行切换。可以在"自定义用户界面"对话框中自定义键盘快捷键。

- <0> （捕捉开关）：<0>（3D 捕捉）是默认设置。光标直接捕捉到 3D 空间中的任何几何体。3D 捕捉用于创建和移动所有尺寸的几何体，而不考虑构造平面。<0>（2D 捕捉）光标仅捕捉到活动构建栅格，包括该栅格平面上的任何几何体，将忽略 Z 轴或垂直尺寸。<0>（2.5D 捕捉）光标仅捕捉活动栅格上对象投影的顶点或边缘。

- <0> （角度捕捉切换）："角度捕捉切换"确定多数功能的增量旋转。默认设置为以 5° 增量进行旋转。

- <0> （百分比捕捉切换）："百分比捕捉切换"通过指定的百分比增加对象的缩放。

- <0> （微调器捕捉切换）：使用"微调器捕捉切换"设置 3ds Max 中所有微调器的单个单击增加或减少值。

- <0> （编辑命名选择集）：单击<0>（编辑命名选择集）按钮将显示"编辑命名选择"对话框，可用于管理子对象的命名选择集。

- <0> （镜像）：单击<0>（镜像）按钮将显示"镜像"对话框，使用该对话框可以在镜像一个或多个对象的方向时，移动这些对象。"镜像"对话框还可以用于围绕当前坐标系中心镜像当前选择。使用"镜像"对话框可以同时创建克隆对象。

- <0> （对齐）：<0>（对齐）弹出按钮提供了对用于对齐对象的 6 种不同工具的访问。在"对齐"弹出按钮中单击<0>（对齐），然后选择对象，将显示"对齐"对话框，使用该对话框可将当前选择与目标选择对齐。目标对象的名称将显示在"对齐"对话框的标题栏中。执行子对象对齐时，"对齐"对话框的标题栏会显示为"对齐子对象当前选择"；使用<0>（快速对齐）可将当前选择的位置与目标对象的位置立即对齐；使用 （法线对齐）弹出对话框，基于每个对象上面或选择的法线方向将两个对象对齐；使用 （放置高光）上的"放置高光"，可将灯光或对象对齐到另一对象，以便可以精确定位其高光或反射；使用 （对齐摄影机），可以将摄影机与选定的面法线对齐； （对齐到视图）可用于显示"对齐到视图"对话框，使用户可以将对象或子对象选择的局部轴与当前视口对齐。

- （层管理器）：主工具栏上的 （层管理器）是可以创建和删除层的无模式对话框；也可以查看和编辑场景中所有层的设置，以及与其相关联的对象。使用此对话框，可以指定场景中的名称、可见性、渲染性、颜色以及对象和层的包含。

- （石墨建模工具）：单击 （石墨建模工具）按钮，可以打开或关闭石墨建模工具，图 1-32 所示。"石墨建模工具"代表一种用于编辑网格和多边形对象的新范例。它具有基于上下文的自定义界面，该界面提供了完全特定于建模任务的所有工具（且仅提供此类工具），且仅在用户需要相关参数时才提供对应的访问权限，从而最大限度地减少屏幕上的杂乱出现。

图 1-32

- ［曲线编辑器（打开）］：轨迹"视图 – 曲线编辑器"是一种"轨迹视图"模式，用于以图表上的功能曲线来表示运动。利用它，可以查看运动的插值、软件在关键帧之间创建的对象变换。使用曲线上找到关键点的切线控制柄，可以轻松查看和控制场景中各个对象的运动和动画效果。

- ［图解视图（打开）］："图解视图"是基于节点的场景图，通过它可以访问对象属性、材质、控制器、修改器、层次和不可见场景的关系，如关联参数和实例。

- （材质编辑器）："材质编辑器"提供创建和编辑对象材质以及贴图的功能。

- （渲染场景对话框）："渲染场景对话框"具有多个面板，面板的数量和名称因活动渲染器而异。

- （渲染帧窗口）：打开或关闭帧窗口。

- （快速渲染）：该按钮可以使用当前产品级渲染设置来渲染场景，而无需显示"渲染场景"对话框。

### 1.2.4 命令面板

命令面板是 3ds Max 的核心部分，默认状态下位于整个窗口界面的右侧。命令面板由 6 个用户界面面板组成，使用这些面板可以访问 3ds Max 的大多数建模功能，以及一些动画功能、显示选择和其他工具。每次只有一个面板可见，在默认状态下打开的是 （创建）面板，如图 1-33 所示。

要显示其他面板，只需单击命令面板顶部的选项卡，即可切换至不同的命令面板，从左至右依次为 （创建）、 （修改）、 （层次）、 （运动）、 （显示）和 （工具）。

面板上标有"+"（加号）或"–"（减号）按钮的即是卷展栏。卷展栏的标题左侧带有"+"号，表示卷展栏卷起，有"–"号表示卷展栏展开，通过单击"+"号或"–"号，可以在卷起和展开卷展栏之间切换。如果很多卷展栏同时展开，屏幕可能不能完全显示卷展栏，这时可以把鼠标指针放在卷展栏的空白处，当鼠标指针变成 形状时，按住鼠标左键上下拖动，可以上下移动卷展栏，这和

图 1-33

上面提到的拖动工具栏类似。

下面介绍效果图建模中常用的命令面板。

① （创建）面板是 3ds Max 最常用到的面板之一，利用 （创建）面板可以创建各种模型对象，它是命令级数最多的面板。面板上方的 7 个按钮代表了 7 种可创建的对象，简单介绍如下。

- （几何体）：可以创建标准几何体、扩展几何体、合成造型、粒子系统和动力学物体等。
- （图形）：可以创建二维图形，可沿某个路径放样生成三维造型。
- （灯光）：创建泛光灯、聚光灯和平行灯等各种灯，模拟现实中各种灯光的效果。
- （摄像机）：创建目标摄像机或自由摄像机。
- （辅助对象）：创建起辅助作用的特殊物体。
- （空间扭曲）：创建空间扭曲以模拟风、引力等特殊效果。
- （系统）：可以生成骨骼等特殊物体。

单击其中的一个按钮，可以显示相应的子面板。在可创建对象按钮的下方是创建的模型分类下拉列表框 ，单击右侧的 ▼ 下三角按钮，可从弹出的下拉列表中选择要创建的模型类别。下拉列表框是在几何体子面板中可以创建的模型类别。

② （修改）在一个物体创建完成后，如果要对其进行修改，即可单击 （修改）按钮，打开（修改）面板，如图 1-34 所示。（修改）面板可以修改对象的参数、应用编辑修改器以及访问编辑修改器堆栈。通过该面板，用户可以实现模型的各种变形效果，如拉伸、变曲、扭转等。

③ 在命令面板中单击 （显示）按钮，即可打开 （显示）面板，如图 1-35 所示。（显示）面板主要用于设置显示和隐藏、冻结和解冻场景中的对象，还可以改变对象的显示特性，加速视图显示，简化建模步骤。

图1-34　　　　　　　　　　　图1-35

## 1.2.5　工作区

工作区中共有 4 个视图。在 3ds Max 2014 中，视图（也叫视口）显示区位于窗口的中间，占据了大部分的窗口界面，是 3ds Max 2014 的主要工作区。通过工作区的视图，可以从任何不同的角度来观看所建立的场景。在默认状态下，系统在 4 个视图中分别显示了"顶"视图、"前"视图、"左"视图和"透视"视图 4 个视图（又称场景）。其中"顶"视图、"前"视图、"左"视图相当于物体在相应方向的平面投影，或沿 X、Y、Z 轴所看到的场景，而"透视"视图则是从某个角度看到的场景，如图 1-36 所示。因此，"顶"视图、"前"视图等又被称为正交视图，在正交视图中，系统仅显示物体的平面投影形状，而在"透视"视图中，系统不仅显示物体的立体形状，而且显示了物体的颜色，所以，正交视图通常用于物体的创建和编辑，而"透视"视图则用于观察效果。

4个视图都可见时，带有高亮显示边框的视图始终处于活动状态，默认情况下，透视视图"平滑"并"高亮显示"。在任何一个视图中单击鼠标左键或右键，都可以激活该视图，被激活的视图边框显示为黄色。可以在激活的视图中进行各种操作，其他的视图仅作为参考视图（注意，同一时刻只能有一个视图处于激活状态）。用鼠标左键和右键激活视图的区别在于：用鼠标左键单击某一视图时，可能会对视图中的对象进行误操作，而用鼠标右键单击某一视图时，则只是激活视图。

将鼠标指针移到视图的中心，也就是4个视图的交点，当鼠标指针变成双向箭头时，拖曳鼠标，如图1-37所示；可以改变各个视图的大小和比例，如图1-38所示。

图1-36

图1-37

图1-38

用户还可将视图设置为"底"视图、"右"视图、"用户"视图、"摄像机"视图和"后"视图等。摄像机视图与透视图类似，它显示了用户在场景中放置摄像机后，通过摄像机镜头所看到的画面。

您可以选择默认配置之外的布局。要选择不同的布局，请单击或右键单击常规视口标签（[+]），如图1-39所示，然后从常规视口标签菜单中选择"配置视口"。单击"视口配置"对话框中的"布局"选项卡来选择其他布局，如图1-40所示。

图1-39

图1-40

　　视口标签菜单：视口标签菜单主要提供更改视口、POV，还有可选择停靠在视口中的图形编辑器窗口中显示内容的选项。一些其他选项将更改视口显示，而不会更改 POV。单击视口名称即可显示视口标签菜单，如图 1-41 所示。

　　视图显示菜单：在视口名称右侧名称上单击显示出视图模型、显示类型和窗口显示效果，如图 1-42 所示。

图 1-41

图 1-42

　　表 1-1 所示为视图的快捷方式对照表。

表 1-1

| 快 捷 键 | 英 文 名 称 | 中 文 名 称 |
|---|---|---|
| T | Top | 顶视图 |
| B | Bottom | 底视图 |
| L | Left | 左视图 |
| R | Right | 右视图 |
| U | Use | 用户视图 |
| F | Front | 前视图 |
| P | Perspective | 透视图 |
| C | Camera | 摄像机视图 |

## 1.2.6　视图控制区

　　视图控制区位于 3ds Max 2014 界面的右下角。图 1-43 显示的是标准 3ds Max 2014 视图控制区中的视图调节工具，根据当前激活视图的类型，视图调节工具会略有不同。当选择一个视图调节工具时，该按钮呈黄色显示，对当前激活视图窗口来说该按钮表示是激活的，在激活窗口中单击鼠标右键关闭按钮。

- ⬥　　（缩放）：单击此按钮，在任意视图中按住鼠标左键不放，上下拖动鼠标，可以拉近或推远场景。
- ⬥　　（缩放全部）：用法同缩放按钮，只不过此按钮影响的是当前所有可见的视图。
- ⬥　　（最大化显示选定对象）：将选定对象或对象集在活动透视或正交视口中居中显示。当要浏览的小对象在复杂场景中丢失时，该控件非常有用。

图 1-43

- ⬥　　（最大化显示）：将所有可见的对象在活动透视或正交视口中居中显示。在单个视口中查看场景的每个对象时，这个控件非常有用。
- ⬥　　（所有视图最大化显示）：将所有可见对象在所有视口中居中显示。当希望在每个可用视口的场景中看到各个对象时，该控件非常有用。

- ⊞（所有视图最大化显示选定对象）：将选定对象或对象集在所有视口中居中显示。当要浏览的小对象在复杂场景中丢失时，该控件非常有用。

- ◲（缩放区域）：使用该按钮可放大在视口内拖动的矩形区域。仅当活动视口是正交、透视或用户三向投影视图时，该控件才可用。该控件不可用于摄影机视口。

- ✋（平移视图）：在任意视图中拖动鼠标，可以移动视图窗口。

- ⊙（选定的环绕）：将当前选择的中心用做旋转的中心。当视图围绕其中心旋转时，选定对象将保持在视口中的同一位置上。

- ⊘（环绕）：将视图中心用做旋转中心。如果对象靠近视口的边缘，它们可能会旋出视图范围。

- ⊙（环绕子对象）：将当前选定子对象的中心用做旋转的中心。当视图围绕其中心旋转时，当前选择将保持在视口中的同一位置上。

- ◰（最大化视口切换）：单击该按钮，当前视图将全屏显示，便于对场景进行精细编辑操作。再次单击该按钮，可恢复原来的状态，其快捷键为【Alt+W】。

### 1.2.7　状态栏

状态行和提示行位于视图区的下部偏右。状态行显示所选对象的数目、对象的锁定、当前鼠标的坐标位置、当前使用的栅格距等。提示行显示当前使用工具的提示文字，如图 1-44 所示。

坐标数值显示区：在锁定按钮的右侧是坐标数值显示区，如图 1-45 所示。

| 图 1-44 | 图 1-45 |

### 1.2.8　动画控制区

动画控制区位于屏幕的下方，包括动画播放控件、动画关键点控件、时间滑块和轨迹条，主要用于在制作动画时，进行动画的记录、动画帧的选择、动画的播放，以及动画时间的控制等。图 1-46 所示为动画控制区。

图 1-46

## 1.3　3ds Max 2014 的坐标系统

3ds Max 2014 提供了多种坐标系统，如图 1-47 所示。使用参考坐标系列表，可以指定变换（移动、旋转和缩放）所用的坐标系。选项包括"视图""屏幕""世界""父对象""局部""万向""栅格""工作"和"拾取"。

- "视图"坐标系：在默认的"视图"坐标系中，所有正交视口中的 X、Y 和 Z 轴都相同。使用该坐标系移动对象时，会相对于视口空间移动对象。

- "屏幕"坐标系：将活动视口屏幕用作坐标系。

- "世界"坐标系：使用世界坐标系。"世界"坐标系始终固定。世界轴显示关于世界坐标系视口的当前方向。可以在每个视口的左下角找到它。

- "父对象"坐标系：使用选定对象的父对象的坐标系。如果对象未链接至特定对象，则其为世界坐标系的子对象，其父坐标系与世界坐标系相同。

- "局部"坐标系：使用选定对象的坐标系。对象的局部坐标系由其轴点支撑。使用层

图 1-47

次命令面板上的选项，可以相对于对象调整局部坐标系的位置和方向。

- "万向"坐标系：万向坐标系与 Euler XYZ 旋转控制器一同使用。它与局部坐标系类似，但其三个旋转轴相互之间不一定垂直。
- "栅格"坐标系：使用活动栅格的坐标系。
- "工作"坐标系：使用工作轴坐标系。可以随时使用坐标系，无论工作轴处于活动状态与否。使用工作轴启用时，即为默认的坐标系。
- "拾取"坐标系：使用场景中另一个对象的坐标系。

# 1.4 物体的选择方式

为了方便用户，3ds Max 2014 提供了多种选择对象的方式。学会并熟练掌握使用各种选择方式，在制作中将会大大提高制作速度。

## 1.4.1 选择物体的基本方法

选择物体的基本方法包括使用 直接选择和 ，选择 按钮后弹出"选择对象"对话框，如图 1-48 所示。

图 1-48

在该对话框中按住 Ctrl 键选择多个对象，按住 Shift 键单击并选择连续范围。在对话框的右侧可以设置好对象以何种形式进行排序，也指定显示在对象列表中的列出类型，包括"几何体""图形""灯光""摄影机""辅助对象""空间扭曲""组 / 集合""外部参考"和"骨骼"，对任何类型的勾选，在列表中将隐藏该类型。

## 1.4.2 区域选择

区域选择是指选择工具配合工具栏中的选区工具 、、、、。

选择 工具在视口中拖动，然后释放鼠标。单击的第一个位置是矩形的一个角，释放鼠标的位置是相对的角，如图 1-49 所示。

选择 工具在视口中拖动，然后释放鼠标。首先单击的位置是圆形的圆心，释放鼠标的位置定义了圆的半径，如图 1-50 所示。

图1-49                                        图1-50

选择 ▓ （围栏选择区域）工具，拖动可绘制多边形，创建多边形选区，如图1-51所示双击创建选区。

选择 ▓ （套索选择区域）工具，围绕应该选择的对象拖动鼠标以绘制图形，然后释放鼠标按钮。要取消该选择，请在释放鼠标前右键单击，松开鼠标确定选择区域，如图1-52所示。

选择 ▓ （绘制选择区域）工具，将鼠标拖至对象之上，然后释放鼠标。在进行拖放时，鼠标周围将会出现一个以画刷大小为半径的圆圈。根据绘制创建选区，如图1-53所示。

图1-51                          图1-52                          图1-53

### 1.4.3　编辑菜单选择

在"编辑"菜单中可以使用不同的选择方式对场景中的模型进行选择，如图1-54所示。

| | |
|---|---|
| 全选(A) | Ctrl+A |
| 全部不选(N) | Ctrl+D |
| 反选(I) | Ctrl+I |
| 选择类似对象(S) | Ctrl+Q |
| 选择实例 | |
| 选择方式(B) | ▶ |
| 选择区域(G) | ▶ |

图1-54

### 1.4.4　物体编辑成组

在场景中选择需要成组的对象。在菜单栏中选择"组 > 成组"命令，弹出"组"对话框，如图1-55所示，重新命名组的名称。这样将选择的模型成组之后，可以对成组后的模型进行编辑。

"组"菜单中的各选项命令功能介绍如下。

- 成组:"成组"命令可将对象或组的选择集组成为一个组。
- 解组:"解组"可将当前组分离为其组件对象或组。
- 打开:使用"打开"命令可以暂时对组进行解组,并访问组内的对象。可以在组内独立于组的剩余部分变换和修改对象,然后使用"关闭"命令还原原始组。

图1-55

- 附加:"附加"命令可使选定对象成为现有组的一部分。
- 分离:"分离"(或在场景资源管理器中,排除于组之外)命令可从对象的组中分离选定对象。
- 炸开:"炸开"命令可以解组组中的所有对象,而无论嵌套组的数量如何。这与"解组"不同,后者只解组一个层级。如同"解组"命令一样,所有炸开的实体都保留在当前选择集中。
- 集合:"集合"命令将对象选择集、集合或组合并至单个集合,并将光源辅助对象添加为头对象。集合对象后,可以将其视为场景中的单个对象。可以单击组中任一对象来选择整个集合。可将集合作为单个对象进行变换,也可如同对待单个对象那样为其应用修改器。

# 1.5 对象的变换

对象的变换包括对象的移动、旋转和缩放。这 3 项操作几乎在每一次建模中都会用到,也是建模操作的基础。

## 1.5.1 移动物体

启用移动工具有以下几种方法。

- 单击工具栏中的 ✛ (选择并移动)按钮。
- 按 W 键。
- 选择物体后单击鼠标右键,在弹出的菜单中选择"移动"命令。

使用移动命令的操作方法如下。

选择物体并启用移动工具,当鼠标光标移动到物体坐标轴上时(如 $x$ 轴),光标会变成 ✛ 形状,并且坐标轴($x$ 轴)会变成亮黄色,表示可以移动,如图 1-56 所示。此时按住鼠标左键不放并拖曳光标,物体就会跟随光标一起移动。

利用移动工具可以使物体沿两个轴向同时移动,观察物体的坐标轴,会发现每两个坐标轴之间都有共同区域,当鼠标光标移动到此处区域时,该区域会变黄,如图 1-57 所示。按住鼠标左键不放并拖曳光标,物体就会跟随光标一起沿两个轴向移动。

图1-56

图1-57

为了提高效果图的制作精度，可以使用键盘输入精确的控制移动数量，用鼠标右键单击 （选择并移动）工具，打开"移动变换输入"对话框，如图 1-58 所示，在其中可精确控制移动数量，右边确定被选物体新位置的相对坐标值。使用这种方法进行移动，移动方向仍然要受到轴的限制。

### 1.5.2 旋转物体

启用旋转命令有以下几种方法。

- 单击工具栏中的 ◯（选择并旋转）按钮。
- 按 E 键。
- 选择物体后单击鼠标右键，在弹出的菜单中选择"旋转"命令。

使用旋转命令的操作方法如下。

选择物体并启用旋转工具，当鼠标光标移动到物体的旋转轴上时，光标会变为 ◯ 形状，旋转轴的颜色会变成亮黄色，如图 1-59 所示。按住鼠标左键不放并拖曳光标，物体会随光标的移动而旋转。旋转物体只用于单方向旋转。

图 1-58

图 1-59

旋转工具可以通过旋转来改变物体在视图中的方向。熟悉各旋转轴的方向很重要。

旋转模框是根据虚拟跟踪球的概念建立的，旋转模框的控制工具是一些圆，在任意一个圆上单击，再沿圆形拖动鼠标即可进行旋转，对于大于 360° 的角度，可以不止旋转一圈。当圆旋转到虚拟跟踪球后面时将变得不可见，这样模框不会变得杂乱无章，更容易使用。

在旋转模框中，除了控制 $x$、$y$、$z$ 轴方向的旋转外，还可以控制自由旋转和基于视图的旋转，在暗灰色圆的内部拖动鼠标可以自由旋转一个物体，就像真正旋转一个轨迹球一样（即自由模式）；在浅灰色的球外框拖动鼠标，可以在一个与视图视线垂直的平面上旋转一个物体（即屏幕模式）。

◯（选择并旋转）工具也可以进行精确旋转。使用方法与移动工具一样，只是对话框有所不同。

### 1.5.3 缩放物体

缩放的模框中包括了限制平面，以及伸缩模框本身提供的缩放反馈。缩放变换按钮为弹出按钮，可提供 3 种类型的缩放，即等比例缩放、非等比例缩放和挤压缩放（即体积不变）。

旋转任意一个轴可将缩放限制在该轴的方向上，被限制的轴被加亮为黄色，旋转任意一个平面可将缩放限制在该平面上，被选中的平面被加亮为透明的黄色，选择中心区域可进行所有轴向的等比例缩放，在进行非等比例缩放时，缩放模框会在鼠标移动时拉伸和变形。

启用缩放命令有以下几种方法。

- 单击工具栏中的 ▧（选择并均匀缩放）按钮。
- 按 R 键。
- 选择物体后单击鼠标右键，在弹出的菜单中选择"缩放"命令。

对物体进行缩放，3ds Max 2014 提供了 3 种方式，即选择 ▧（选择并均匀缩放）、▧（选择并非均匀缩放）和 ▧（选择并挤压）。在系统默认设置下，工具栏中显示的是 ▧（选择并均匀缩放）按钮，选择并非均匀缩放和选择并挤压是隐藏按钮。

- （选择并均匀缩放）：只改变物体的体积，不改变形状，因此坐标轴向对它不起作用。
- （选择并非均匀缩放）：对物体在指定的轴向上进行二维缩放（不等比例缩放），物体的体积和形状都发生变化。
- （选择并挤压）：在指定的轴向上使物体发生缩放变形，物体体积保持不变，但形状会发生改变。

选择物体并启用缩放工具，当光标移动到缩放轴上时，光标会变成 形状，按住鼠标左键不放并拖曳光标，即可对物体进行缩放。缩放工具可以同时在两个或三个轴向上进行缩放，方法和移动工具相似，如图 1-60 所示。

图 1-60

# 1.6　对象的复制

有时在建模中要创建很多形状、性质相同的几何体，如果分别进行创建会浪费很多时间，这时就要使用复制命令来完成这个工作。

## 1.6.1　直接复制物体

在场景中选择需要复制的模型，按【Ctrl+V】组合键，可以直接复制模型。变换工具是使用最多的复制方法，按住 Shift 键的同时利用移动、旋转和缩放工具拖动鼠标，即可将物体进行变换复制，释放鼠标，弹出"克隆选项"对话框，如图 1-61 所示为按【Ctrl+V】组合键弹出的对话框。

复制分为 3 种方式：复制、实例和参考，这 3 种方式主要根据复制后原物体与复制物体的相互关系来分类。

- 复制：复制后原物体与复制物体之间没有任何关系，是完全独立的物体。相互间没有任何影响。
- 实例：复制后原物体与复制物体相互关联，对任何一个物体的参数修改都会影响到复制的其他物体。
- 参考：复制后原物体与复制物体有一种参考关系，对原物体进行参数修改，复制物体会受同样的影响，但对复制物体进行修改不会影响原物体。

图 1-61

### 1.6.2 利用镜像复制物体

当建模中需要创建两个对称的物体时，如果使用直接复制，物体间的距离很难控制，而且要使两物体相互对称直接复制是办不到的，镜像就能很简单地解决这个问题。

选择物体后，单击 ▣▣（镜像）工具按钮，弹出"镜像：世界坐标"对话框，如图1-62所示。

- 镜像轴：用于设置镜像的轴向，系统提供了6种镜像轴向。
- 偏移：用于设置镜像物体和原始物体轴心点之间的距离。
- 克隆当前选择：用于确定镜像物体的复制类型。
- 不克隆：表示仅把原始物体镜像到新位置而不复制对象。
- 复制：把选定物体镜像复制到指定位置。
- 实例：把选定物体关联镜像复制到指定位置。
- 参考：把选定物体参考镜像复制到指定位置。

使用镜像复制应该熟悉轴向的设置，选择物体后单击镜像工具，可以依次选择镜像轴，观察镜像复制物体的轴向，视图中的复制物体是随镜像对话框中镜像轴的改变实时显示的，选择合适的轴向后单击"确定"按钮即可，单击"取消"按钮则取消镜像。

图1-62

### 1.6.3 利用间距复制物体

利用间距复制物体是一种快速而且比较随意的物体复制方法，它可以指定一个路径，使复制物体排列在指定的路径上，操作步骤如下。

**STEP** ◢➊ 在视图中创建一个球体和螺旋线，如图1-63所示。

**STEP** ◢➋ 单击球体将其选中，选择"工具 > 对齐 > 间隔工具"命令，如图1-64所示，弹出"间隔工具"对话框。

图1-63

图1-64

**STEP** ◢➌ 在"间隔工具"对话框中单击"拾取路径"按钮，然后在视图中单击螺旋线，在"计数"数值框中设置复制的数量，设置结束后"拾取路径"按钮会变为"Helix001"，表示拾取的是图形螺旋线，如图1-65所示。

**STEP** ◢➍ 设置"计数"参数，单击"应用"按钮，复制完成，如图1-66所示。

图 1-65 图 1-66

## 1.6.4 利用阵列复制物体

在菜单栏中选择"工具 > 阵列"命令，打开"阵列"对话框，如图 1-67 所示。

图 1-67

- "增量"：该参数控制阵列单个物体在 X、Y、Z 轴向上的移动、旋转及缩放间距，该栏参数一般不进行设置。
- "总计"：该参数控制阵列物体在 X、Y、Z 轴向上的移动、旋转及缩放总量，这是常用的参数控制区，改变该栏中参数后，"间距或增量"栏中的参数将跟随改变。
- "对象类型"：在该栏中设置复制的类型。
- "阵列维度"：组中设置 3 种维度的阵列。
- "重新定向"：选中后旋转复制原始对象时，同时也对复制物体沿其自身的坐标系统进行旋转定向，使其在旋转轨迹上总保持相同的角度。
- "均匀"：选中后缩放的数值框中将只有一个允许输入，这样可以保证对象只发生体积变化，而不发生变形。
- "预览"：单击该按钮后可以将设置的阵列参数在视图中进行预览。

具体操作如表 1-2 所示。

表 1-2

# 1.7 捕捉工具

"捕捉工具"是功能很强的建模工具，熟练使用该工具可以极大地提高工作效率，图 1-68 所示为捕捉工具。

图 1-68

### 1.7.1 三种捕捉工具

捕捉方式分为三类，即"位置捕捉"工具 ![](3D 捕捉)、"角度捕捉"工具 、"百分比捕捉"工具 。最常用的是"位置捕捉"工具，"角度捕捉"工具主要用于旋转物体，"百分比捕捉"工具主要用于缩放物体。

### 1.7.2 捕捉开关

![]（捕捉开关）能够很好地在三维空间中锁定需要的位置，以便进行旋转、创建、编辑修改等操

作。在创建和变换对象或子对象时，可以帮助制作者捕捉几何体的特定部分，同时还可以捕捉栅、切线、中点、轴心点、面中心等其他选项。

开启捕捉工具（关闭动画设置）后，旋转和缩放命令执行在捕捉点周围。例如，开启"顶点捕捉"对一个立方体进行旋转操作，在使用变换坐标中心的情况下，可以使用捕捉让物体围绕自身顶点进行旋转。当动画设置开启后，无论是旋转或缩放命令，捕捉工具都无效，对象只能围绕自身轴心进行旋转或进行缩放。捕捉分为相对捕捉和绝对捕捉。

关于捕捉设置，系统提供了 3 个空间，包括二维、二点五维和三维，它们的按钮包含在一起，在其上按住鼠标左键不放，即可以进行切换旋转。在其按钮上按下鼠标右键，可以调出"栅格和捕捉设置"对话框，如图 1-69 所示。在捕捉类型对话框中可以选择捕捉的类型，还可以控制捕捉的灵敏度，这一点

图 1-69

是比较重要的，如果捕捉到了对象，会以蓝色显示（这里可以更改）一个 15 像素的方格以及相应的线。

### 1.7.3 角度捕捉

（角度捕捉切换）用于设置进行旋转操作时角度间隔，不打开角度捕捉对于细微调节有帮助，但对于整角度的旋转就很不方便了，而事实上我们经常要进行如 90°、180° 等整角度的旋转，这时打开角度捕捉按钮，系统会以 5° 作为角度的变换间隔进行调整角度的旋转。在其上按鼠标右键可以调"栅格与捕捉设置"对话框，在"选项"选项卡中，可以通过对"角度"值的设置，设置角度捕捉的间隔角度，如图 1-70 所示。

### 1.7.4 百分比捕捉

图 1-70

（百分比捕捉切换）用于设置缩放或挤压操作时的百分比例间隔，如果不打开百分比捕捉，系统会以 1% 作为缩放的比例间隔，如果要求调整比例间隔，在其上单击鼠标右键，弹出"栅格和捕捉设置"对话框，在"选项"选项卡中通过对"百分比"值的设置，缩放捕捉的比例间隔，默认设置为 10%。

### 1.7.5 捕捉工具的参数设置

在 （3D 捕捉）上单击鼠标右键，打开"栅格和捕捉设置"对话框。

① 首先看一下"捕捉"选项卡，如图 1-71 所示。

- "栅格点"：捕捉到栅格交点。默认情况下，此捕捉类型处于启用状态。键盘快捷键为【Alt+F5】。
- "栅格线"：捕捉到栅格线上的任何点。
- "轴心"：捕捉到对象的轴点。
- "边界框"：捕捉到对象边界框的 8 个角中的一个。
- "垂足"：捕捉到样条线上与上一个点相对的垂直点。
- "切点"：捕捉到样条线上与上一个点相对的相切点。
- "顶点"：捕捉到网格对象或可以转换为可编辑网格对象的顶点。捕捉到样条线上的分段。键盘快捷键为【Alt+F7】。
- "端点"：捕捉到网格边的端点或样条线的顶点。

- "边 / 线段"：捕捉沿着边（可见或不可见）或样条线分段的任何位置。键盘快捷键为【Alt+F9】。
- "中点"：捕捉到网格边的中点和样条线分段的中点。键盘快捷键为【Alt+F8】。
- "面"：捕捉到曲面上的任何位置。键盘快捷键为【Alt+F10】。
- "中心面"：捕捉到三角形面的中心。

② "选项"选项卡，如图 1-72 所示。

图 1-71

图 1-72

- "显示"：切换捕捉指南的显示。禁用该选项后，捕捉仍然起作用，但不显示。
- "大小"：以像素为单位设置捕捉"击中"点的大小。这是一个小图标，表示源或目标捕捉点。
- "捕捉预览半径"：当光标与潜在捕捉到的点的距离在"捕捉预览半径"值和"捕捉半径"值之间时，捕捉标记跳到最近的潜在捕捉到的点，但不发生捕捉。默认设置是 30。
- "捕捉半径"：以像素为单位设置光标周围区域的大小，在该区域内捕捉将自动进行。默认设置为 20。
- "角度"：设置对象围绕指定轴旋转的增量（以度为单位）。
- "百分比"：设置缩放变换的百分比增量。
- "捕捉到冻结对象"：启用此选项后，启用捕捉到冻结对象。默认设置为禁用状态。该选项也位于"捕捉"快捷菜单中，按住 Shift 键的同时，用鼠标右键单击任何视口，可以进行访问，同时也位于捕捉工具栏中。键盘快捷键为【Alt+F2】。
- "启用轴约束"：约束选定对象，使其沿着在"轴约束"工具栏上指定的轴移动。禁用该选项后（默认设置），将忽略约束，并且可以将捕捉的对象平移为任何尺寸（假设使用 3D 捕捉）。该选项也位于"捕捉"快捷菜单中，按住 Shift 的同时用鼠标右键单击任何视口，可以进行访问，同时也位于捕捉工具栏中。键盘快捷键为【Alt+F3】或【Alt+D】。
- "显示橡皮筋"：当启用此选项并且移动一个选择时，在原始位置和鼠标位置之间显示橡皮筋线。当"显示橡皮筋"设置为启用时，使用该可视化辅助选项可使结果更精确。

③ "主栅格"选项卡，如图 1-73 所示。

- "栅格间距"：栅格间距是栅格的最小方形的大小。使用微调器可调整间距（使用当前单位），或直接输入值。
- "每 N 条栅格线有一条主线"：主栅格的显示为更暗的或"主"线以标记栅格方形的组。使用微调器调整该值，调整主线之间的方形栅格数，或可以直接输入该值，最小为 2。
- "透视视图栅格范围"：设置透视视图中的主栅格大小。
- "禁止低于栅格间距的栅格细分"：当在主栅格上放大时，使用 3ds Max 将栅格视为一组固定的线。实际上，栅格在栅格间距设置处停止。如果保持缩放，固定栅格将从视图中丢失，不影响缩小。当缩小时，主栅格不确定扩展以保持主栅格细分。默认设置为启用。

- "禁止透视视图栅格调整大小"：当放大或缩小时，使用 3ds Max 将"透视"视口中的栅格视为一组固定的线。实际上，无论缩放多大多小，栅格将保持一个大小。默认设置为启用。
- "动态更新"：默认情况下，当更改"栅格间距"和"每 N 条栅格线有一条主线"的值时，只更新活动视口。完成更改值之后，其他视口才进行更新。选择"所有视口"可在更改值时更新所有视口。

④ "用户栅格"选项卡，如图 1-74 所示。

图 1-73

图 1-74

- "创建栅格时将其激活"：启用该选项可自动激活创建的栅格。
- "世界空间"：将栅格与世界空间对齐。
- "对象空间"：将栅格与对象空间对齐。

# 1.8　对齐工具

使用对齐工具可以将物体进行设置，如设置方向和比例的对齐，还可以进行法线对齐、放置高光、对齐摄影机和对齐视图等操作。对齐工具有实时调节及实时显示效果的功能。

使用对齐工具时，首先在场景中选择需要对齐的模型，在工具栏中单击 （对齐）按钮，在弹出的对话框中设置对齐属性，如图 1-75 所示。

图 1-75

当前激活的是"透视"视图，如果将球体放置到长方体中心可以按照图 1-76 所示进行设置。

图 1-76

"对齐当前选择"对话框中的各选项命令介绍如下。

- X 位置、Y 位置、Z 位置：指定要在其中执行对齐操作的一个或多个轴。启用所有 3 个选项可以将当前对象移动到目标对象位置。
- 最小：将具有最小 X、Y 和 Z 值的对象边界框上的点与其他对象上选定的点对齐。
- 中心：将对象边界框的中心与其他对象上的选定点对齐。
- 轴点：将对象的轴点与其他对象上的选定点对齐。
- 最大：将具有最大 X、Y 和 Z 值的对象边界框上的点与其他对象上选定的点对齐。
- "对齐方向（局部）"选项组：这些设置用于在轴的任意组合上匹配两个对象之间的局部坐标系的方向。
- "匹配比例"选项组：使用"X 轴""Y 轴"和"Z 轴"复选框，可匹配两个选定对象之间的缩放轴值。该操作仅对变换输入中显示的缩放值进行匹配。这不一定会导致两个对象的大小相同，如果两个对象之前都未进行缩放，则其大小不会更改。

设置球体到长方体的上方，如图 1-77 所示。

完成的效果，如图 1-78 所示。

图 1-77

图 1-78

# 1.9 撤销与重做

在制作模型中"撤销"和"重做"命令是最为常用的命令，所以需要熟练掌握。

要撤销最近一次操作，请执行以下操作。

> 单击 🔄▾（撤销场景操作）按钮，选择"编辑 > 撤销"命令，或按【Ctrl+Z】快捷键。

要撤销若干个操作，请执行以下操作。

> 右击 🔄▾（撤销场景操作）按钮。

> 在列表中选择需要返回的层级。必须连续地选择，不能逃过列表中的项。

> 单击"撤销"按钮。

要重做一个操作，请执行下列操作。

> 单击 ↪▾（重做场景操作）按钮，选择"编辑 > 重做"命令，或按【Ctrl+Y】快捷键。

要重做若干个操作，请执行以下操作。

> 右击 ↪▾（重做场景操作）按钮。

> 在列表中单击要恢复到的操作。必须连续地选择，不能逃过列表中的项。

> 单击"重做"按钮。

**🎯 提示**

撤销和重做可以使用工具栏的 🔄▾（撤销场景操作）和 ↪▾（重做场景操作）工具，也可以在"编辑"菜单中选择选项，这里就不再介绍了。

# 1.10 物体的轴心控制

轴心点用来定义对象在旋转和缩放时的中心点，使用不同的轴心点会对变换操作产生不同的效果，对象的轴心控制包括 3 种方式：▯▯（使用轴心点）、▯▯（使用选择中心）、▯▯（使用变换坐标中心）。

## 1.10.1 使用轴心点控制

把被选择对象自身的轴心点作为旋转、缩放操作的中心。如果选择了多个物体，则以每个物体各自的轴心点进行变换操作。如图 1-79 所示，3 个圆柱体按照自身的坐标中心旋转。

图 1-79

### 1.10.2 使用选择中心

把选择对象的公共轴心点作为物体旋转和缩放的中心。如图 1-80 所示，3 个圆柱体围绕一个共同的轴心点旋转。

图 1-80

### 1.10.3 使用变换坐标中心

把选择的对象所使用当前坐标系的中心点作为被选择物体旋转和缩放的中心。例如，可以通过拾取坐标系统进行拾取，把被拾取物体的坐标中心作为选择物体的旋转和缩放中心。

下面仍通过 3 个圆柱体进行介绍，操作步骤如下。

**STEP** 1 用鼠标框选右侧的两个圆柱体，然后选择坐标系统下拉列表框中的"拾取"选项，如图 1-81 所示。

**STEP** 2 单击另一个圆柱体，将两个圆柱体的坐标中心拾取在另一个圆柱体上。

**STEP** 3 对这两个圆柱体进行旋转，会发现这两个圆柱体的旋转中心是被拾取圆柱体的坐标中心，如图 1-82 所示。

图 1-81                           图 1-82

# Chapter

## 2

# 第2章
# 创建基本几何体

本章介绍3ds Max中自带的模型，在大多数的场景建模中，一般都是由一些简单又标准的基本体堆砌和编辑而成的，通过对本章的学习读者可以对默认的几何体进行一个初步的了解和认识。

**课堂学习目标**

- 熟练掌握如何创建标准几何体
- 熟练掌握如何创建扩展几何体
- 熟练掌握建筑模型

# 2.1 创建标准几何体

我们熟悉的几何基本体在现实世界中就是像水皮球、管道、长方体、圆环和圆锥形冰淇淋杯这样的对象。在 3ds Max 中，可以使用单个基本体对很多这样的对象建模。还可以将基本体结合到更复杂的对象中，并使用修改器进一步进行优化。我们平时见到的规模宏大的建筑浏览动画、室内外宣传效果图等，都是由一些简单的几何体修改后得到的，只需通过对基本模型的节点、线和面的编辑修改，就能制作出想要的模型。认识和学习这些基础模型是以后学习复杂建模的前提和基础。

本节我们将来学习 3ds Max 2014 中自带的标准几何体的创建方法和应用，如图 2-1 所示为标准几何体命令面板。

图 2-1

## 2.1.1 长方体

对于室内外效果图来说，"长方体"是在建模创建过程中使用非常频繁的模型，通过修改该模型可以得到大部分模型。

创建长方体有两种方法：一种是立方体创建方法；另一种是长方体创建方法，如图 2-2 所示。

图 2-2

- 立方体创建方法：以正方体方式创建，操作简单，但只限于创建正方体。
- 长方体创建方法：以长方体方式创建，是系统默认的创建方法，用法比较灵活。

长方体的创建方法比较简单，也比较典型，是学习创建其他几何体的基础。操作步骤如下。

**STEP 1** 首先单击 " （创建）> （几何体）> 长方体" 按钮。

**STEP 2** 在 "顶" 视图中单击并拖动鼠标，创建 "长方体" 的长和宽，松开并移动鼠标设置 "长方体" 的高。

**STEP 3** 在 "参数" 卷展栏中设置长方体的参数，如图 2-3 所示。

图 2-3

单击长方体将其选中，然后单击 （修改）按钮，切换到修改命令面板，在修改命令面板中也会显示长方体的参数，如图 2-4 所示。

"参数" 卷展栏介绍如下。

- 长度、宽度、高度：确定 3 边的长度。
- 长度分段、宽度分段、高度分段：确定 3 边上的片段划分参数。
- 生成贴图坐标：自动产生贴图坐标。
- 真实世界贴图大小：不选择此复选框时，贴图大小符合创建对象的尺寸；选择该复选框，贴图

　　大小由绝对尺寸决定，而与对象的相对尺寸无关。

　　"键盘输入"卷展栏中的选项功能介绍如下（如图 2-5 所示）。

　　● X、Y、Z：输入的数值为沿活动构造平面的轴的偏移。

　　对于简单的基本建模，使用键盘创建方式比较方便，直接在面板中输入几何体的创建参数，然后单击"创建"按钮，视图中会自动生成该几何体。如果创建较为复杂的模型，建议使用手动方式建模。

　　基本参数设置卷展栏用于调整物体的体积、形状以及表面的光滑度。在参数的数值框中可以直接输入数值进行设置，也可以利用数值框旁边的微调器 ⚏ 进行调整。

　　名称和颜色用于显示长方体的名称和颜色。在 3ds Max 2014 中创建的所有几何体都有此项参数，用于给物体指定名称和颜色，便于以后选取和修改。单击右边的颜色块，弹出"对象颜色"对话框，如图 2-6 所示。此窗口用于设置几何体的颜色，单击颜色块选择合适的颜色后，单击"确定"按钮完成设置，单击"取消"按钮则取消颜色设置。单击"添加自定义颜色"按钮，可以自定义颜色。

图 2-4

图 2-5

图 2-6

## 2.1.2　课堂案例——制作板式储物柜

### ⊕ 案例学习目标

学习如何创建并编辑长方体。

### ⊕ 案例知识要点

使用长方体，移动、旋转、捕捉工具来完成板式储物柜的制作，如图 2-7 所示。

### ⊕ 场景所在位置

资源包 / 场景 /cha02/ 板式储物柜 .max。

### ⊕ 效果图场景所在位置

资源包 / 场景 /cha02/ 板式储物柜 ok.max。

### ⊕ 贴图所在位置

资源包 / 贴图。

图 2-7

制作板式储物柜

**STEP 1** 单击"（创建）>（几何体）>长方体"按钮，在"顶"视图中创建长方体，在"参数"卷展栏中设置"长度"为 350、"宽度"为 450、"高度"为 20，如图 2-8 所示。

**STEP 2** 在场景中选择长方体，按快捷键【Ctrl+V】，在弹出的对话框中选择"复制"选项，单击"确定"按钮，如图 2-9 所示。

图 2-8

图 2-9

**STEP 3** 选择复制的长方体，切换到（修改）命令面板，在"参数"卷展栏中设置"长度"为 20、"宽度"为 450、"高度"为 300，如图 2-10 所示。

**STEP 4** 在工具栏中选择（2.5 捕捉），鼠标右击（2.5 捕捉）按钮，在弹出的对话框中设置捕捉选项，如图 2-11 所示。

**STEP 5** 通过对模型的捕捉在场景中调整复制出的模型的位置，如图 2-12 所示。

**STEP 6** 在场景中选择模型，在"左"视图中沿 Y 轴，按住 Shift 键移动并复制模型，如图 2-13 所示。

**STEP 7** 在场景中选择一个长方体，按快捷键【Ctrl+V】，在弹出的对话框中选择"复制"选项，单击"确定"按钮，如图 2-14 所示。

**STEP 8** 选择复制的模型，在"参数"卷展栏中修改"长度"为 350、"宽度"为 20、"高度"为 300，并在场景中调整模型的位置，如图 2-15 所示。

图 2-10

图 2-11

图 2-12

图 2-13

图 2-14

图 2-15

**STEP 9** 在场景中复制模型到另一侧，完成的单个模型，如图 2-16 所示。

**STEP 10** 组合复制模型，完成储物柜，如图 2-17 所示。

图 2-16

图 2-17

### 2.1.3 圆锥体

圆锥体用于制作圆锥、圆台、四棱锥和棱台以及它们的局部，下面介绍圆锥体的创建方法以及其参数的设置和修改。

创建圆锥体同样有两种方式，一种是边创建方式，一种是中心创建方式，如图 2-18 所示。

图 2-18

- 边创建方式：以边界为起点创建圆锥体。在视图单击鼠标左键形成的点即为圆锥体底面的边界起点，随着光标的拖曳始终以该点作为锥体的边界。
- 中心创建方式：以中心为起点创建圆锥体。系统将采用在视图中第一次单击鼠标左键形成的点作为圆锥体底面的中心点，它是系统默认的创建方式。

创建圆锥体的方法比长方体多一个步骤，操作步骤如下。

**STEP 1** 单击 " ▓（创建）> ◯（几何体）> 标准基本体 > 圆锥体" 按钮。

**STEP 2** 移动光标到适当的位置，按住鼠标左键不放并拖曳光标，视图中生成一个圆形平面，如图 2-19 所示，释放鼠标左键并上下移动光标，锥体的高度会跟随光标的移动而增减，如图 2-20 所示，在合适的位置单击左键，再次移动光标，调节顶端面的大小，单击鼠标左键完成创建，如图 2-21 所示。

图 2-19

图 2-20

图 2-21

单击圆锥体将其选中，然后单击 ▨（修改）按钮，参数命令面板中会显示圆锥体的参数，如图 2-22 所示。

- 半径 1：设置圆锥体底面的半径

- 半径 2：设置圆锥体两个端面的半径。
- 高度：设置圆锥体的高度。
- 高度分段：设置圆锥体在高度上的段数。
- 端面分段：设置圆锥体在两端平面上沿半径方向上的段数。
- 边数：设置圆锥体端面圆周上的片段划分数。值越高，圆锥体越光滑。
- 平滑：表示是否进行表面光滑处理。开启时，产生圆锥、圆台，关闭时，产生棱锥、棱台。
- 启用切片：表示是否进行局部切片处理。
- 切片起始位置：确定切除部分的起始幅度。
- 切片结束位置：确定切除部分的结束幅度。其他参数请参见前面章节参数说明。

图 2-22

### 2.1.4 球体

球体用于制作面状或光滑的球体，也可以制作局部球体，下面介绍球体的创建方法以及其参数的设置和修改。

创建球体的方式也有两种，与锥体相同，这里就不详细介绍了。

球体的创建方法非常简单，操作步骤如下。

**STEP 1** 单击"　（创建）>　（几何体）> 标准基本体 > 球体"按钮。

**STEP 2** 移动光标到适当的位置，按住鼠标左键不放并拖曳光标，在视图中生成一个球体，移动光标可以调整球体的大小，在适当位置释放鼠标左键，球体创建完成，如图 2-23 所示。

单击球体将其选中，然后单击　（修改），修改命令面板中会显示球体的参数，如图 2-24 所示。

图 2-23

图 2-24

- 半径：设置球体的半径大小。
- 分段：设置表面的段数，值越高，表面越光滑，造型也越复杂。
- 平滑：是否对球体表面自动光滑处理（系统默认是开启的）。
- 半球：用于创建半球或球体的一部分。值由 0 到 1 可调。默认为 0.0，表示建立完整的球体，增加数值，球体被逐渐减去。值为 0.5 时，制作出半球，值为 1.0 时，球体全部消失。
- 切除 / 挤压：在进行半球系数调整时发挥作用。用于确定球体被切除后，原来的网格划分也随之切除或者仍保留但被挤入到剩余的球体中。其他参数请参见前面章节参数说明。

### 2.1.5 圆柱体

圆柱体用于制作棱柱体、圆柱体、局部圆柱体，下面介绍圆柱体的创建方法以及其参数的设置和修改。

圆柱体的创建方法与长方体基本相同，操作步骤如下。

**STEP 1** 单击"（创建）> ○（几何体）> 标准基本体 > 圆柱体"按钮。

**STEP 2** 将鼠标光标移到视图中，按住鼠标左键不放并拖曳光标，视图中出现一个圆形平面，在适当的位置释放鼠标左键并上下移动，圆柱体高度会跟随光标的移动而增减，在适当的位置单击鼠标左键，圆柱体创建完成，如图 2-25 所示。

单击圆柱体将其选中，然后单击 按钮，修改命令面板中会显示圆柱体的参数，如图 2-26 所示。

图 2-25　　　　　　　　　　　　　　　　　　　　图 2-26

- 半径：设置底面和顶面的半径。
- 高度：确定圆柱体的高度。
- 高度分段：确定圆柱体在高度上的段数。如果要弯曲圆柱体，高度段数可以产生光滑的弯曲效果。
- 端面分段：确定在圆柱体两个端面上沿半径方向的段数。
- 边数：确定圆周上的片段划分数（即棱柱的边数），对于圆柱体，边数越多越光滑。其最小值为 3，此时圆柱体的截面为三角形。其他参数请参见前面章节参数说明。

## 2.1.6　几何球体

用于建立以三角面相拼接而成的球体或半球体，下面介绍几何球体的创建方法以及其参数的设置和修改。

创建几何球体有两种方式，一种是直径创建方式，一种是中心创建方式，如图 2-27 所示。

- 直径创建方式：以直径方式拉出几何球体。在视图中以第一次单击鼠标左键形成的点为起点，把光标的拖曳方向作为所创建几何球体的直径方向。

图 2-27

- 中心创建方式：以中心方式拉出几何球体。在视图中第一次单击鼠标左键形成的点作为要创建的几何球体的圆心，拖曳鼠标的位移大小作为所要创建球体的半径，它是系统默认的创建方式。

几何球体的创建方法与球体相同，操作步骤如下。

**STEP 1** 单击"（创建）> ○（几何体）> 标准基本体 > 几何球体"按钮。

**STEP 2** 将鼠标光标移到视图中，按住鼠标左键不放并拖曳光标，视图中生成一个几何球体，移动光标可以调整几何球体的大小，在适当位置释放鼠标左键，几何球体创建完成，如图 2-28 所示。

单击几何球体将其选中，然后单击 （修改），修改命令面板中会显示几何球体的参数，如图 2-29 所示。

- 半径：确定几何球体的半径大小。
- 分段：设置球体表面的复杂度，值越大，三角面越多，球体也越光滑。
- 基点面类型：确定是由哪种规则的异面体组合成球体的。
- 四面体：由四面体构成几何球体。三角形的面可以改变形状和大小，这种几何球体可以分成相等的 4 部分。

图 2-28　　　　　　　　　　　　　　图 2-29

- 八面体：由八面体构成几何球体。三角形的面可以改变形状和大小，这种几何球体可以分成相等的 8 部分。
- 二十面体：由二十面体构成几何球体。三角形的面可以改变形状和大小，这种几何球体可以分成相等的任意多部分。其他参数请参见前面章节参数说明。

### 2.1.7　圆环

圆环用于制作立体的圆环圈，截面为正多边形，通过对正多边形边数、光滑度、旋转等控制来产生不同的圆环效果，切片参数可以制作局部的一段圆环。下面介绍圆环的创建方法以及其参数的设置和修改。

创建圆环的操作步骤如下。

**STEP 1** 单击"（创建）>（几何体）> 标准基本体 > 圆环"按钮。

**STEP 2** 将鼠标光标移到视图中，按住鼠标左键不放并拖曳光标，在视图中生成一个圆环，如图 2-30 所示，在适当的位置释放鼠标左键并上下移动光标，调整圆环的粗细，单击鼠标左键，圆环创建完成。

单击圆环将其选中，然后单击　按钮，修改命令面板中会显示圆环的参数，如图 2-31 所示。

图 2-30　　　　　　　　　　　　　　图 2-31

- 半径 1：设置圆环中心与截面正多边形的中心距离。
- 半径 2：设置截面正多边形的内径。
- 旋转：设置片段截面沿圆环轴旋转的角度，如果进行扭曲设置或以不光滑表面着色，则可以看到它的效果。

- 扭曲：设置每个截面扭曲的角度，产生扭曲的表面。
- 分段：确定沿圆周方向上片段被划分的数目。值越大，得到的圆环越光滑，最小值为 3。
- 边数：确定圆环的侧边数。
- 平滑选项组：设置光滑属性，将棱边光滑，有如下 4 种方式。
  - 全部：对所有表面进行光滑处理。
  - 侧面：对侧边进行光滑处理。
  - 无：不进行光滑处理。
  - 分段：光滑每一个独立的面。

其他参数请参见前面章节参数说明。

### 2.1.8 管状体

管状体用于建立各种空心管状体对象，包括管状体、棱管以及局部管状体，下面介绍管状体的创建方法以及其参数的设置和修改。

管状体的创建方法与其他几何体不同，操作步骤如下。

**STEP 1** 单击"（创建）>（几何体）> 标准基本体 > 管状体"按钮。

**STEP 2** 将鼠标光标移到视图中，按住鼠标左键不放并拖曳光标，视图中出现一个圆，在适当的位置释放鼠标左键并上下移动光标，会生成一个圆环形面片，单击鼠标左键然后上下移动光标，管状体的高度会随之增减，在合适的位置单击鼠标左键，管状体创建完成，如图 2-32 所示。

单击管状体将其选中，然后单击（修改）修改命令面板中会显示管状体的参数，如图 2-33 所示。

图 2-32　　　　　　　　　　　　　　　　　　　　　图 2-33

- 半径 1：确定管状体的内径大小。
- 半径 2：确定管状体的外径大小。
- 高度：确定管状体的高度。
- 高度分段：确定管状体高度方向的段数。
- 端面分段：确定管状体上下底面的段数。
- 边数：设置管状体侧边数的多少。值越大，管状体越光滑。对棱管来说，边数值决定其属于几棱管。其他参数请参见前面章节参数说明。

### 2.1.9 课堂案例——制作笔筒和铅笔

 案例学习目标

学习如何创建并编辑管状体和圆柱体。

(+) **案例知识要点**

使用管状体、圆柱体，移动工具来制作笔筒，如图 2-34 所示。

(+) **场景所在位置**

资源包 / 场景 /cha02/ 笔筒 .max。

(+) **效果图场景所在位置**

资源包 / 场景 /cha02/ 笔筒 ok.max。

(+) **贴图所在位置**

资源包 / 贴图。

制作笔筒和铅笔

图 2-34

**STEP** 单击 "　 （创建）> 　（几何体）> 标准基本体 > 管状体" 按钮，在 "顶" 视图中创建 "管状体"，在 "参数" 卷展栏中设置 "半径 1" 为 100、"半径 2" 为 90、"高度" 为 250、"高度分段" 为 1、"端面分段" 为 1、"边数" 为 8，如图 2-35 所示。

**STEP** 单击 "　 （创建）> 　（几何体）> 标准基本体 > 圆柱体" 按钮，在 "顶" 视图中管状体的位置创建圆柱体，在 "参数" 卷展栏中设置 "半径" 为 95、"高度" 为 10、"高度分段" 为 1、"端面分段" 为 1、"边数" 为 8，如图 2-36 所示。

图 2-35

图 2-36

**STEP** 单击 "　 （创建）> 　（几何体）> 标准基本体 > 圆柱体" 按钮，在 "顶" 视图中创建圆柱体，在 "参数" 卷展栏中设置 "半径" 为 12、"高度" 为 350、"高度分段" 为 1、"端面分段" 为 1、"边数" 为 7，如图 2-37 所示。

**STEP ** 按快捷键【Ctrl+V】，复制圆柱体，切换到 （修改）修改命令面板，在"参数"卷展栏中设置"半径"为 2、"高度"为 350.5，如图 2-38 所示。

图 2-37

图 2-38

**STEP ** 在场景中对铅笔模型进行复制，可以摆出自己满意的造型。

## 2.1.10 四棱锥

四棱锥用于建立锥体模型，是锥体的一种特殊形式，下面来介绍四棱锥的创建方法及其参数的设置和修改。

四棱锥的创建方法有两种：一种是基点／顶点创建方法，另一种是中心创建方法，如图 2-39 所示。

- 基点／顶点创建方法：系统把第一次单击鼠标左键时光标所处位置的点作为四棱锥的底面点或顶点，它是系统默认的创建方式。

- 中心创建方法：系统把第一次单击鼠标左键时光标所处位置的点作为四棱锥底面的中心点。

图 2-39

四棱锥的创建方法比较简单，和圆柱体的创建方法比较相似，操作步骤如下。

**STEP ** 单击" （创建）> （几何体）> 标准基本体 > 四棱锥"按钮。

**STEP ** 将鼠标光标移到视图中，单击并按住鼠标左键不放拖曳光标，视图中生成一个正方形平面，在适当的位置松开鼠标左键并上下移动光标，调整四棱锥的高度，然后单击鼠标左键，四棱锥创建完成，如图 2-40 所示。

单击四棱锥将其选中，然后单击 （修改）按钮，在修改命令面板中会显示四棱锥的参数，如图 2-41 所示。四棱锥的参数比较简单，与前面章节讲到的参数大部分都相似。

图 2-40

图 2-41

- 宽度、深度：确定底面矩形的长和宽。
- 高度：确定四棱锥的高。
- 宽度分段：确定沿底面宽度方向的分段数。
- 深度分段：确定沿底面深度方向的分段数。
- 高度分段：确定沿四棱锥高度方向的分段数。

其他参数请参见前面章节的参数说明。

## 2.1.11 茶壶

本例用于建立标准的茶壶造型或者茶壶的一部分。下面来介绍茶壶的创建方法及其参数的设置和修改。

茶壶的创建方法与球体的创建方法相似，步骤如下。

**STEP 1** 单击 " ▓（创建）> ○（几何体）> 标准基本体 > 茶壶" 按钮。

**STEP 2** 将鼠标光标移到视图中，单击并按住鼠标左键不放拖曳光标，视图中生成一个茶壶，上下移动光标调整茶壶的大小，在适当的位置松开鼠标左键，茶壶创建完成，如图 2-42 所示。

单击茶壶将其选中，然后单击 ▨（修改）按钮，在修改命令面板中会显示茶壶的参数，如图 2-43 所示。茶壶的参数比较简单，利用参数的调整，可以把茶壶拆分成不同的部分。

图 2-42

图 2-43

- 半径：确定茶壶的大小。
- 分段：确定茶壶表面的划分精度，值越大，表面越细腻。
- 平滑：是否自动进行表面光滑处理。
- 茶壶部件：设置各部分的取舍，分为壶体、壶把、壶嘴和壶盖 4 部分。

其他参数请参见前面章节的参数说明。

## 2.1.12 平面

平面用于在场景中直接创建平面对象，可以用于建立地面和场地等，使用起来非常方便。下面来介绍平面的创建方法及其参数设置。

创建平面有两种方法：一种是矩形创建方法，另一种是正方形创建方法，如图 2-44 所示。

- 矩形创建方法：分别确定两条边的长度，创建长方形平面。
- 正方形创建方法：只需给出一条边的长度，创建正方形平面。

图 2-44

创建平面的方法和创建球体的方法相似，操作步骤如下。

**STEP 1** 单击 " ▓（创建）> ○（几何体）> 标准基本体 > 平面" 按钮。

**STEP 2** 将鼠标光标移到视图中，单击并按住鼠标左键不放拖曳光标，视图中生成一个平面，调整至适当的大小后松开鼠标左键，平面创建完成，如图2-45所示。

单击平面将其选中，然后单击 （修改）按钮，在修改命令面板中会显示平面的参数，如图2-46所示。

图2-45　　　　　　　　　　　　　　　　　　　　　图2-46

- 长度、宽度：确定平面的长、宽，以决定平面的大小。
- 长度分段：确定沿平面长度方向的分段数，系统默认值为4。
- 宽度分段：确定沿平面宽度方向的分段数，系统默认值为4。
- 渲染倍增：只在渲染时起作用，可进行如下两项设置。缩放：渲染时平面的长和宽均以该尺寸比例倍数扩大；密度：渲染时平面的长和宽方向上的分段数均以该密度比例倍数扩大。
- 总面数：显示平面对象全部的面片数。

平面参数的修改非常简单，本书就不在此进行介绍了。

## 2.2 创建扩展基本体

扩展几何体是比标准几何体更复杂的几何体，可以说是标准几何体的延伸，具有更加丰富的形态，在建模过程中也被频繁地使用，并被用于建造更加复杂的三维模型。

### 2.2.1 切角长方体和切角圆柱体

切角长方体和切角圆柱体用于直接产生带切角的长方体和圆柱体。下面介绍切角长方体和切角圆柱体的创建方法及其参数的设置和修改。

切角长方体和切角圆柱体的创建方法是相同的，两者都具有圆角的特性，这里以切角长方体为例对创建方法进行介绍，操作步骤如下。

**STEP 1** 单击"（创建）＞（几何体）＞扩展基本体＞切角长方体"按钮。

**STEP 2** 将鼠标光标移到视图中，单击并按住鼠标左键不放拖曳光标，视图中生成一个长方形平面，如图2-47所示。在适当的位置松开鼠标左键并上下移动光标，调整其高度，如图2-48所示。单击鼠标左键后再次上下移动光标，调整其圆角的系数，再次单击鼠标左键，切角长方体创建完成，如图2-49所示。

单击切角长方体或切角圆柱体将其选中，然后单击 （修改）按钮，在修改命令面板中会显示切角长方体或切角圆柱体的参数，如图2-50所示，切角长方体和切角圆柱体的参数大部分都是相同的。

- 圆角：设置切角长方体（或切角圆柱体）的圆角半径，确定圆角的大小。
- 圆角分段：设置圆角的分段数，值越高，圆角越圆滑。

其他参数请参见前面章节的参数说明。

图 2-47            图 2-48            图 2-49

（a）切角长方体的参数面板            （b）切角圆柱体的参数面板

图 2-50

## 2.2.2 课堂案例——制作茶几

**案例学习目标**

学习如何创建并编辑切角长方体。

**案例知识要点**

使用切角长方体，通过对其复制，并调整模型的大小和位置，搭配其他的模型来完成茶几的制作，如图 2-51 所示。

**场景所在位置**

资源包 / 场景 /cha02/ 茶几 .max。

**效果图场景所在位置**

资源包 / 场景 /cha02/ 茶几 ok.max。

**贴图所在位置**

资源包 / 贴图。

制作茶几

图 2-51

**STEP 1** 单击"⊡（创建）> ◯（几何体）> 扩展基本体 > 切角长方体"按钮，在"顶"视图中创建切角长方体，在"参数"卷展栏中设置"长度"为 5000、"宽度"为 8800、"高度"为 400、"圆角"为 20，设置"圆角分段"为 2，如图 2-52 所示。

**STEP 2** 按【Ctrl+V】快捷键，复制切角长方体，切换到 ◰（修改）命令面板，在"参数"卷展栏中设置"长度"为 400、"宽度"为 1800、"高度"为 3000、"圆角"为 20，如图 2-53 所示。

图 2-52

图 2-53

**STEP 3** 在场景中调整模型的位置，并对模型进行复制，如图 2-54 所示。

**STEP 4** 在场景中将底部的切角长方体拖曳复制到顶部，作为茶几面，如图 2-55 所示。

图 2-54

图 2-55

**STEP 5** 在场景中复制切角长方体，在"参数"卷展栏中修改"长度"为 4800、"宽度"为 4500、"高度"为 1200、"圆角"为 20，如图 2-56 所示，调整模型的位置作为抽屉。

**STEP 6** 继续复制切角长方体，在"参数"卷展栏中修改"长度"为 5000、"宽度"为 4800、"高度"为 200、"圆角"为 20，如图 2-57 所示，调整模型的位置作为抽屉顶面。

图 2-56

图 2-57

**STEP 7** 单击"　（创建）> ○（几何体）> 扩展基本体 > 切角圆柱体"按钮，在"前"视图中创建切角圆柱体，在"参数"卷展栏中设置"半径"为 100、"高度"为 300、"圆角"为 80、"高度分段"为 1、"圆角分段"为 3、"边数"为 12，如图 2-58 所示。

**STEP 8** 单击"　（创建）> ○（几何体）> 标准基本体 > 圆环"按钮，在"前"视图中创建圆环，大小合适即可，如图 2-59 所示。

图 2-58

图 2-59

**STEP 9** 在场景中调整模型的位置，组合完成茶几的制作，如图 2-60 所示。

图 2-60

### 2.2.3　异面体

异面体用于创建各种具备奇特表面的异面体。下面介绍异面体的创建方法及其参数的设置和修改。异面体的创建方法和球体的创建方法相似，操作步骤如下。

**STEP 01** 单击"　　（创建）>　　（几何体）> 扩展基本体 > 异面体"按钮。

**STEP 02** 将鼠标光标移到视图中，单击并按住鼠标左键不放拖曳光标，视图中生成一个异面体，上下移动光标调整异面体的大小，在适当的位置松开鼠标左键，异面体创建完成，如图 2-61 所示。

图 2-61

单击异面体将其选中，然后单击　　（修改）按钮，在修改命令面板中会显示异面体的参数，如图 2-62 所示。

- 系列：该组参数中提供了 5 种基本形体方式供选择，它们都是常见的异面体。图中从上至下依次为四面体、立方体/八面体、十二面体/二十面体、星形 1、星形 2。其他许多复杂的异面体都可以由它们通过修改参数变形而得到。

- 系列参数：利用 P、Q 选项，可以通过两种途径分别对异面体的顶点和面进行双向调整，从而产生不同的造型。

- 轴向比率：异面体的表面都是由 3 种类型的平面图形拼接而成的，包括三角形、矩形和五边形。这里的 3 个调节器（P、Q、R）是分别调节各自比例的。"重置"按钮可使数值回复到默认值（系统默认值为 100）。

- 顶点：用于确定异面体内部顶点的创建方式。作用是决定异面体的内部结构，其中"基点"参数确定使用基点的方式，使用"中心"或"中心和边"方式则产生较少的顶点，且得到的异面体也比较简单。

- 半径：用于设置异面体的大小。

图 2-62

### 2.2.4 环形结

环形结是扩展几何体中较为复杂的一个几何形体，通过调节它的参数，可以制作出种类繁多的特殊造型。下面介绍环形结的创建方法及其参数的设置和修改。

环形结的创建方法和圆环的创建方法比较相似，操作步骤如下。

**STEP** 1 单击 " [icon] （创建） > [icon] （几何体） > 扩展基本体 > 环形结" 按钮。

**STEP** 2 将鼠标光标移到视图中，单击并按住鼠标左键不放拖曳光标，视图中生成一个环形结，在适当的位置松开鼠标左键并上下移动光标，调整环形结的粗细，然后单击鼠标左键，环形结创建完成，通过修改参数可以变换出各种不同的环形结如图 2-63 所示。

图 2-63

单击环形结将其选中，然后单击 [icon] （修改） 按钮，在修改命令面板中会显示环形结的参数。环形结与其他几何体相比，参数较多，主要分为基础曲线参数、横截面参数、平滑参数以及贴图坐标参数几大类。

基础曲线参数用于控制有关环绕曲线的参数，如图 2-64 所示。

- 结、圆：用于设置创建环形结或标准圆环。
- 半径：设置曲线半径的大小。
- 分段：确定在曲线路径上的分段数。
- P、Q：仅对结状方式有效，控制曲线路径蜿蜒缠绕的圈数。其中，P值控制 Z 轴方向上的缠绕圈数，Q 值控制路径轴上的缠绕圈数。当 P、Q 值相同时，产生标准圆环。

图 2-64

- 扭曲数：仅对圆状方式有效，控制在曲线路径上产生的弯曲的数目。
- 扭曲高度：仅对圆状方式有效，控制在曲线路径上产生的弯曲的高度。

横截面参数用于通过截面图形的参数控制来产生形态各异的造型，如图 2-65 所示。

- 半径：设置截面图形的半径大小。
- 边数：设置截面图形的边数，确定圆滑度。
- 偏心率：设置截面压扁的程度，当其值为 1 时截面为圆，其值不为 1 时截面为椭圆。
- 扭曲：设置截面围绕曲线路径扭曲循环的次数。
- 块：设置在路径上所产生的块状突起的数目。只有当块高度大于 0 时，才能显示出效果。
- 块高度：设置块隆起的高度。
- 块偏移：在路径上移动块，改变其位置。

图 2-65

平滑参数用于控制造型表面的光滑属性，如图 2-66 所示。

- 全部：对整个造型进行光滑处理。
- 侧面：只对纵向（路径方向）的面进行光滑处理，即只光滑环形结的侧边。
- 无：不进行表面光滑处理。

图 2-66

贴图坐标参数用于指定环形结的贴图坐标，如图 2-67 所示。

- 生成贴图坐标：根据环形结的曲线路径指定贴图坐标，需要指定贴图在路径上的重复次数和偏移值。
- 偏移：设置在 U、V 方向上贴图的偏移值。
- 平铺：设置在 U、V 方向上贴图的重复次数。

图 2-67

### 2.2.5 油罐、胶囊和纺锤

油罐、胶囊和纺锤这 3 个几何体都具有圆滑的特性，它们的创建方法和参数也有相似之处。下面介绍油罐、胶囊和纺锤的创建方法及其参数的设置和修改。

油罐、胶囊和纺锤的创建方法相似，这里以油罐为例来介绍这 3 个几何体的创建方法，操作步骤如下。

**STEP 1** 单击" ■ （创建）> ○ （几何体）> 扩展基本体 > 油罐"按钮。

**STEP 2** 将鼠标光标移到视图中，单击并按住鼠标左键不放拖曳光标，视图中生成油罐的底部，在适当的位置松开鼠标左键并移动光标，调整油罐的高度，单击鼠标左键，移动光标调整切角的系数，再次单击鼠标左键，油罐创建完成。使用相似的方法可以创建出胶囊和纺锤，如图 2-68 所示依次为油罐、胶囊和纺锤。

图 2-68

单击油罐（胶囊或纺锤）将其选中，然后单击 ☑ （修改）按钮，在修改命令面板中会显示其参数，如图 2-69 所示，这 3 个几何体的参数大部分都相似。

（a）油罐的参数面板　　（b）胶囊的参数面板　　（c）纺锤的参数面板

图 2-69

- 封口高度：设置两端凸面顶盖的高度。
- 总体：测量几何体的全部高度。
- 中心：只测量柱体部分的高度，不包括顶盖高度。
- 混合：设置顶盖与柱体边界产生的圆角大小，圆滑顶盖的柱体边缘。
- 高度分段：设置圆锥顶盖的段数。

## 2.2.6 L-Ext 和 C-Ext

L-Ext 和 C-Ext 都主要用于建筑快速建模，结构比较相似。下面来介绍 L-Ext 和 C-Ext 的创建方法及其参数的设置和修改。

L-Ext 和 C-Ext 的创建方法基本相同，在此以 L-Ext 为例介绍创建方法，操作步骤如下。

**STEP 01** 单击"  （创建）>  （几何体）> 扩展基本体 > L-Ext"按钮。

**STEP 02** 将鼠标光标移到视图中，单击并按住鼠标左键不放拖曳光标，视图中生成一个 L 形平面，在适当的位置松开鼠标左键并上下移动光标，调整墙体的高度，单击鼠标左键，再次移动光标，可以调整墙体的厚度，再次单击鼠标左键，L-Ext 创建完成。使用相同的方法可以创建出 C-Ext，如图 2-70 所示依次为 L-Ext 和 C-Ext。

图 2-70

L-Ext 和 C-Ext 的参数比较相似，但 C-Ext 比 L-Ext 的参数多，单击 L-Ext 或 C-Ext 将其选中，然后单击  （修改）按钮，在修改命令面板中会显示 L-Ext 或 C-Ext 的参数面板，如图 2-71 所示。

- 背面长度、侧面长度、前面长度：设置 C-Ext 3 边的长度，以确定底面的大小和形状。
- 背面宽度、侧面宽面、前面宽度：设置 C-Ext 3 边的宽度。
- 高度：设置 C-Ext 的高度。
- 背面分段、侧面分段、前面分段：分别设置 C-Ext 背面、侧面和前面在长度方向上的段数。
- 宽度分段：设置 C-Ext 在宽度方向上的段数。
- 高度分段：设置 C-Ext 在高度方向上的段数。

（a）L-Ext 的参数面板　　（b）C-Ext 的参数面板

图 2-71

### 2.2.7 软管

软管是一个柔性几何体，其两端可以连接到两个不同的对象上，并能反映出这些对象的移动。下面来介绍软管的创建方法及其参数的设置和修改。

软管的创建方法很简单，和方体基本相同，操作步骤如下。

**STEP 01** 单击"☀（创建）> ◯（几何体）> 扩展基本体 > 软管"按钮。

**STEP 02** 将鼠标光标移到视图中，单击并按住鼠标左键不放拖曳光标，视图中生成一个多边形平面，在适当的位置再次单击鼠标左键并上下移动光标，调整软管的高度，单击鼠标左键，软管创建完成，如图 2-72 所示。

单击软管将其选中，然后单击 ☑（修改）按钮，在修改命令面板中会显示软管的参数，如图 2-73 所示。软管的参数众多，主要分为端点方法、绑定对象、自由软管参数、公用软管参数和软管形状 5 个选项组。

图 2-72

图 2-73

"端点方法"参数用于选择是创建自由软管，还是创建连接到两个对象上的软管。

- 自由软管：选择该单选项，则创建不绑定到任何其他物体上的软管，同时激活自由软管参数选项组。
- 绑定到对象轴：选择该单选项，则把软管绑定到两个对象上，同时激活绑定对象选项组。

"绑定对象"组中的参数只有在"端点方法"选项组中选中"绑定到对象轴"选项时才可用。可利用它来拾取两个捆绑对象，拾取完成后，软管将自动连接两个物体。

- 拾取顶部对象：单击该按钮后，顶部对象呈黄色表示处于激活状态，此时可在场景中单击顶部对象进行拾取。
- 拾取底部对象：单击该按钮后，底部对象呈黄色表示处于激活状态，此时可在场景中单击底部对象进行拾取。
- 张力：确定延伸到顶（底）部对象的软管曲线在顶（底）部对象附近的张力大小。张力越小，弯曲部分离底（顶）部对象越近，反之，张力越大，弯曲部分离底（顶）部对象越远，其默认值为 100。

"自由软管参数"只有在"端点方法"选项组中选中"自由软管"选项时才可用。

- 高度：用于调节软管的高度。

"公用软管参数"组用于设置软管的形状和光滑属性等常用参数。

- 分段：设置软管在长度上总的段数。当软管是曲线时，增加其值将使软管的外形更光滑。
- 起始位置：设置从软管的起始点到弯曲开始部位这一部分所占整个软管的百分比。

- 结束位置：设置从软管的终止点到弯曲结束部位这一部分所占整个软管的百分比。
- 周期数：设置柔体截面中的起伏数目。
- 直径：设置皱状部分的直径相对于整个软管直径的百分比大小。
- 平滑选项组：用于调整软管的光滑类型。
  - ➤ 全部：平滑整个软管（系统默认设置）。
  - ➤ 侧面：仅平滑软管长度方向上的侧面。
  - ➤ 无：不进行平滑处理。
  - ➤ 分段：仅平滑软管的内部分段。
- 可渲染：使用该复选框，设置是否渲染软管，默认为开启，渲染软管。

"软管形状"参数用于设置软管的横截面形状。

- 圆形软管：设置圆形横截面。
  - ➤ 直径：设置圆形横截面的直径，以确定软管的大小。
  - ➤ 边数：设置软管的侧边数。其最小值为 3，此时为三角形横截面。
- 长方形软管：可以指定不同的宽度和深度，设置长方形横截面。
  - ➤ 宽度：设置软管长方形横截面的宽度。
  - ➤ 深度：设置软管长方形横截面的深度。
  - ➤ 圆角：设置长方形横截面 4 个拐角处的圆角大小。
  - ➤ 圆角分段：设置每个长方形横截面拐角处的圆角分段数。
  - ➤ 旋转：设置长方形软管绕其自身高度方向上的轴旋转的角度大小。
- D 截面软管：与长方形横截面软管相似，只是其横截面呈 D 形。
  - ➤ 圆形侧面：设置圆形侧边上的片段划分数。其值越大，D 形截面越光滑。

## 2.2.8　球棱柱

球棱柱用于制作带有导角的柱体，能直接在柱体的边缘上产生光滑的导角，可以说是圆柱体的一种特殊形式。下面来介绍球棱柱的创建方法及其参数的设置和修改。

球棱柱可以直接在柱体的边缘产生光滑的导角。创建球棱柱的操作步骤如下。

**STEP 01** 单击" （创建）> （几何体）> 扩展基本体 > 球棱柱"按钮。

**STEP 02** 将鼠标光标移到视图中，单击并按住鼠标左键不放拖曳光标，视图中生成一个五边形平面（系统默认设置为五边），在适当的位置松开鼠标左键并上下移动光标，调整球棱柱到合适的高度，单击鼠标左键，再次上下移动光标，调整球棱柱边缘的导角，单击鼠标左键，球棱柱创建完成，如图 2-74 所示。

单击球棱柱将其选中，然后单击 （修改）按钮，在修改命令面板中会显示球棱柱的参数，如图 2-75 所示。

图 2-74

图 2-75

- 边数：设置球棱柱的侧边数。
- 半径：设置底面圆形的半径。
- 圆角：设置棱上圆角的大小。
- 高度：设置球棱柱的高度。
- 侧面分段：设置球棱柱圆周方向上的分段数。
- 高度分段：设置球棱柱高度上的分段数。
- 圆角分段：设置圆角的分段数，值越高，角就越圆滑。

### 2.2.9 棱柱

棱柱用于制作等腰和不等边的三棱柱体。下面来介绍三棱柱的创建方法及其参数的设置和修改。
棱柱有两种创建方法：一种是二等边创建方法。一种是基点/顶点创建方法，如图 2-76 所示。

- 二等边创建方法：建立等腰三棱柱，创建时按住 Ctrl 键可以生成底面为等边三角形的三棱柱。

图 2-76

- 基点/顶点创建方法：用于建立底面为非等边三角形的三棱柱。

下面使用系统默认的基点/顶点方式创建，操作步骤如下。

**STEP** 单击"（创建）> （几何体）> 扩展基本体 > 棱柱"按钮。

**STEP** 将鼠标光标移到视图中，单击并按住鼠标左键不放拖曳光标，视图中生成棱柱的底面，这时移动鼠标光标，可以调整底面的大小，松开鼠标左键后移动光标可以调整底面顶点的位置，生成不同形状的底面，如图 2-77 所示，单击鼠标左键，上下移动光标，调整棱柱的高度，在适当的位置再次单击鼠标左键，棱柱创建完成，如图 2-78 所示。

图 2-77

图 2-78

单击棱柱将其选中，然后单击 （修改）按钮，在修改命令面板中会显示棱柱的参数，如图 2-78 所示。

- 侧面 1 长度、侧面 2 长度、侧面 3 长度：分别设置棱柱底面三角形三边的长度，确定三角形的形状。
- 高度：设置三棱柱的高度。
- 侧面 1 分段、侧面 2 分段、侧面 3 分段：分别设置棱柱在三边方向上的分段数。
- 高度分段：设置棱柱沿主轴方向上高度的片段划分数。

### 2.2.10 环形波

环形波是一种类似于平面造型的几何体，可以创建出与环形结的某些三维效果相似的平面造型，多用于动画的制作。下面来介绍环形波的创建方法及其参数的设置和修改。
环形波是一个比较特殊的几何体，多用于制作动画效果。创建环形波的操作步骤如下。

**STEP** **1** 单击"　　（创建）> ◯（几何体）> 扩展基本体 > 环形波"按钮。

**STEP** **2** 将鼠标光标移到视图中，单击并按住鼠标左键不放拖曳光标，视图中生成一个圆，在适当的位置松开鼠标左键并上下移动光标，调整内圈的大小，单击鼠标左键，环形波创建完成，如图 2-79 所示。默认情况下，环形波是没有高度的，在参数命令面板中的"高度"属性可以调整其高度。

单击环形波将其选中，然后单击 ✐（修改）按钮，在修改命令面板中会显示环形波的参数，如图 2-80 所示。环形波的参数比较复杂，主要可分为环形波大小、环形波计时、外边波折和内边波折，这些参数多用于制作动画。

图 2-79

图 2-80

"环形波大小"参数用于控制场景中环形波的具体尺寸大小。

- 半径：设置环形波的外径大小。如果数值增加，其内、外径随之同步增加。
- 径向分段：设置环形波沿半径方向上的分段数。
- 环形宽度：设置环形波内、外径之间的距离。如果数值增加，则内径减少，外径不变。
- 边数：设置环形波沿圆周方向上的片段划分数。
- 高度：设置环形波沿其主轴方向上的高度。
- 高度分段：设置环形波沿主轴方向上高度的分段数。

"环形波计时"参数用于环形波尺寸大小的动画设置。

- 无增长：设置一个静态环形波，它在 Start Time（开始时间）显示，在 End Time（结束时间）消失。
- 增长并保持：设置单个增长周期。环形波在"开始时间"时开始增长，并在"开始时间"及"增长时间"处达到最大尺寸。
- 循环增长：环形波从"开始时间"到"开始时间"及"增长时间"重复增长。
- 开始时间：如果选择"循环增长并保持"或"循环增长"单选按钮，则环形波出现帧数并开始增长。
- 增长时间：从"开始时间"后环形波达到其最大尺寸所需帧数。"增长时间"仅在选中"增长并保持"或"循环增长"单选按钮时可用。
- 结束时间：环形波消失的帧数。

"外边波折"参数用于设置环形波的外边缘。该区域未被激活时，环形波的外边缘是平滑的圆形，激活后，用户可以把环形波的外边缘同样设置成波动形状，并可以设置动画。

- 主周期数：设置环形波外边缘沿圆周方向上的主波数。

- 宽度光通量：设置主波的大小，以百分数表示。

- 爬行时间：设置每个主波沿环形波外边缘蠕动一周的时间。

- 次周期数：设置环形波外边缘沿圆周方向上的次波数。

- 宽度光通量：设置次波的大小，以百分数表示。

- 爬行时间：设置每个次波沿其各自主波外边缘蠕动一周的时间。

"内边波折"参数用于设置环形波的内边缘。

## 2.3 创建建筑模型

3ds Max 2014 提供了几种常用的快速建筑模型，在一些简单场景中使用这些模型可以提高效率，包括一些楼梯、窗和门等建筑物体。

### 2.3.1 楼梯

单击"■（创建）>○（几何体）"按钮，在下拉列表框中选择"楼梯"选项，可以看到 3ds Max 2014 提供了 4 种楼梯形式供选择，如图 2-81 所示。

如图 2-82 所示四种楼梯类型，依次为 L 型楼梯、U 型楼梯、直线楼梯和螺旋楼梯。

图 2-81

（a）L 型楼梯

（b）U 型楼梯

（c）直线楼梯

（d）螺旋楼梯

图 2-82

## 2.3.2 门和窗

3ds Max 2014 中还提供了门和窗的模型，单击"■（创建）> ○（几何体）"按钮，在下拉列表框中选择"门"或"窗"选项，如图 2-83 所示。门和窗都提供了几种类型的模型，如图 2-84 所示。

图 2-83                                                  图 2-84

图 2-85 所示为门窗的几种类型。

（a）枢轴门                  （b）推拉门                  （c）折叠门

（d）遮篷式窗                （e）平开窗                  （f）固定窗

（g）旋开窗                  （h）伸出式窗                （i）推拉窗

图 2-85

## 2.4 课堂练习——制作双人沙发

### ⊕ 练习知识要点

使用切角长方体、切角圆柱体、圆柱体组合完成双人沙发，效果如图 2-86 所示。

### ⊕ 场景所在位置

资源包 / 场景 /cha02/ 沙发 .max。

图 2-86

制作双人沙发

## 2.5 课后习题——制作鸡蛋

### ⊕ 习题知识要点

使用球体结合使用 FFD 变形工具来制作鸡蛋，效果如图 2-87 所示。

### ⊕ 场景所在位置

资源包 / 场景 /cha02/ 鸡蛋 .max。

图 2-87

制作鸡蛋

# 3

## 第3章
## 二维图形的创建

本章介绍二维图形的创建及编辑，通过对本章的学习读者需要掌握创建二维图形的方法和技巧，并能根据实际需要绘制出精美的二维图形。

**课堂学习目标**

- 熟练掌握如何创建二维图形

- 熟练掌握编辑样条线

# 3.1 创建二维线性

平面图形基本都是由直线和曲线组成的。通过创建二维线形来建模是 3ds Max 2014 中一种常用的建模方法。下面来介绍二维线形的创建。

## 3.1.1 线工具

"线"是用于创建任何形状的开放型或封闭型的线和直线的工具。创建完成后，还可以通过调整节点、线段和线来编辑形态。下面介绍线的创建方法及其参数的设置和修改。

线的创建是学习创建其他二维图形的基础。创建线的操作步骤如下。

**STEP 1** 单击 " （创建）> （图形）> 线" 按钮。

**STEP 2** 在顶视图中单击鼠标左键，确定线的起始点，移动光标到适当的位置并单击鼠标左键确定节点，生成一条直线，如图 3-1 所示。

**STEP 3** 继续移动光标到适当的位置，单击鼠标左键确定节点并按住鼠标左键不放拖曳光标，生成一条弧状的线，如图 3-2 所示。松开鼠标左键并移动光标到适当的位置，可以调整出新的曲线，单击鼠标左键确定节点，线的形态如图 3-3 所示。

图 3-1　　　　　　　　　　图 3-2　　　　　　　　　　图 3-3

**STEP 4** 继续移动光标到适当的位置并单击鼠标左键确定节点，可以生成一条新的直线。如果需要创建封闭线，将光标移动到线的起始点上并单击鼠标左键，弹出 "样条线" 对话框，如图 3-4 所示，提示用户是否闭合正在创建的线，单击 "是" 按钮即可闭合创建的线，如图 3-5 所示。单击 "否" 按钮，则可以继续创建线。

图 3-4　　　　　　　　　　　　图 3-5

**STEP 5** 如果需要创建开放的线，单击鼠标右键，即可结束线的创建。

**STEP 6** 在创建线时，如果同时按住 Shift 键，可以创建出与坐标轴平行的直线。

## 3.1.2 线的参数

单击 " （创建）> （图形）> 线" 按钮。在创建命令面板下方会显示线的创建参数，如图 3-6 所示。"渲染" 卷展栏参数用于设置线的渲染特性，可以选择是否对线进行渲染，并设定线的厚度。

- 在渲染中启用：启用该选项后，使用为渲染器设置的径向或矩形参数将图形渲染为 3D 网格。
- 在视口中启用：启用该选项后，使用为渲染器设置的径向或矩形参数将图形作为 3D 网格显示在视图中。
- 厚度：用于设置视图或渲染中线的直径大小。
- 边：用于设置视图或渲染中线的侧边数。
- 角度：用于调整视图或渲染中线的横截面旋转的角度。

"插值"卷展栏参数用于控制线的光滑程度。

- 步数：设置程序在每个顶点之间使用的划分的数量。
- 优化：启用此选项后，可以从样条线的直线线段中删除不需要的步数。
- 自适应：系统自动根据线状调整分段数。

"创建方法"卷展栏参数用于确定所创建的线的类型。

- 初始类型：用于设置单击鼠标左键建立线时所创建的端点类型。

  ➤ 角点：用于建立折线，端点之间以直线连接（系统默认设置）。

图 3-6

  ➤ 平滑：用于建立线，端点之间以线连接，且线的曲率由端点之间的距离决定。

- 拖动类型：用于设置按压并拖曳鼠标建立线时所创建的端点类型。

  ➤ 角点：选择此方法，建立的线在端点之间为直线。

  ➤ 平滑：选择此方法，建立的线在端点处将产生圆滑的线。

  ➤ Bezier：选择此方法，建立的线将在端点产生光滑的线。端点之间线的曲率及方向是通过在端点处拖曳鼠标控制的（系统默认设置）。

 提示

创建线时，应该选择好线的创建方式。线创建完成后，无法通过卷展栏创建方式调整线的类型。

### 3.1.3 线的形体修改

线创建完成后，总要对它的形体进行一定程度的修改，以达到满意的效果，这就需要对节点进行调整。节点有 4 种类型，分别是 Bezier 角点、Bezier、角点和平滑。

下面来介绍线的形体修改，操作步骤如下。

**STEP** 1 单击 "(创建)>(图形)>线" 按钮，在视图中创建线，如图 3-7 所示。

**STEP** 2 切换到 (修改) 命令面板，在修改命令堆栈中单击 "Line" 命令前面的加号，展开子层级选项，如图 3-8 所示。"顶点" 开启后可以对节点进行修改操作；"线段" 开启后可以对线段进行修改操作；"样条线" 开启后可以对整条线进行修改操作。

**STEP** 3 将选择集定义为 "顶点"，该选项变为黄色表示被开启，这时视图中的线会显示出节点，如图 3-9 所示。

**STEP** 4 单击要选择的节点将其选中，可以使用移动工具调整顶点的位置。

线的形体还可以通过调整节点的类型来修改，操作步骤如下。

**STEP** 1 单击 "(创建)>(图形)>线" 按钮，在顶视图中创建一条线，如图 3-10 所示。

图 3-7

图 3-8

图 3-9

图 3-10

**STEP** 02 在修改命令堆栈中单击"➕ > 顶点"选项，在视图中单击中间的节点将其选中，如图 3-11 所示。单击鼠标右键，在弹出的菜单中显示了所选择节点的类型，如图 3-12 所示。在菜单中可以看出所选择的点为 Bezier。在菜单中选择其他节点类型命令，节点的类型会随之改变。

图 3-11

图 3-12

图 3-13 所示是 4 种节点类型，自左向右分别为 Bezier 角点、Bezier、角点和平滑，前两种类型的节点可以通过绿色的控制手柄进行调整，后两种类型的节点可以直接使用"移动"工具 ✛ 进行位置的调整。

图 3-13

### 3.1.4 线的修改参数

线创建完成后单击 （修改）按钮，在修改命令面板中会显示线的修改参数。线的修改参数分为 5 个部分，如图 3-14 所示。

"选择"卷展栏参数主要用于控制顶点、线段和样条线 3 个次对象级别的选择，如图 3-15 所示。

- （节点）级：单击该按钮，可进入节点级子对象层次。节点是样条线次对象的最低一级，因此，修改节点是编辑样条对象最灵活的方法。

- （线段）级：单击该按钮，可进入线段级子对象层次。线段是中间级别的样条次对象，对它的修改比较少。

- （样条线）级：单击该按钮，可进入样条线子对象层次。样条线是样条次对象的最高级别，对它的修改比较多。

以上 3 个进入子层级的按钮与修改命令堆栈中的选项是对应的，在使用上有相同的效果。

"几何体"卷展栏中提供了大量关于样条线的几何参数，在建模中对线的修改主要是对该面板的参数进行调节，如图 3-16 所示。

图 3-14　　　　图 3-15　　　　　　　　　图 3-16

- 创建线：用于创建一条线并把它加入当前线，使新创建的线与当前线成为一个整体。
- 断开：用于断开节点和线段。

单击" （创建）> （图形）> 线"按钮，在顶视图中创建一条线，如图 3-17 所示。

在修改命令堆栈中单击" > 顶点"选项，在视图中要断开的节点上单击将其选中，单击"断开"按钮，节点被断开，移动节点，可以看到节点已经被断开，如图 3-18 所示。

在修改命令堆栈中单击"线段"选项，然后单击"断开"按钮，将光标移到线上，光标变为 形状，在线上单击鼠标左键，线被断开，如图 3-19 所示。

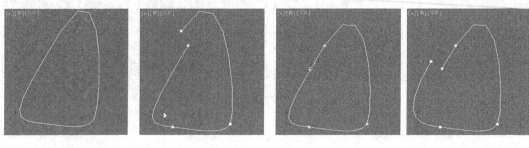

图 3-17　　　　　　　图 3-18　　　　　　　　　　　图 3-19

- 附加：用于将场景中的二维图形与当前线结合，使它们变为一个整体。场景中存在两个以上的二维图形时，才能使用结合功能。

使用方法为单击一条线将其选中，然后单击"附加"按钮，在视图中单击另一条线，两条线就会结合成一个整体，如图 3-20 所示。

- 附加多个：原理与"附加"相同，区别在于单击该按钮后，将弹出"附加多个"对话框，对话框中会显示出场景中线的名称，如图 3-21 所示，用户可以在对话框中选择多条线，然后单击"附加"按钮，将选择的线与当前的线结合为一个整体，如图 3-21 所示。

图 3-20　　　　　　　　　　　　　　　　　　图 3-21

- 优化：用于在不改变线的形态的前提下在线上插入节点。

使用方法为单击"优化"按钮，在线上单击鼠标左键，插入新的节点，如图 3-22 所示。

- 圆角：用于在选择的节点处创建圆角。

使用方法为在视图中单击要修改的节点将其选中，然后单击"圆角"按钮，将光标移到被选择的节点上，按住鼠标左键不放并拖曳光标，节点会形成圆角，如图 3-23 所示，也可以在数值框中输入数值或通过调节微调器 ⬍ 来设置圆角。

图 3-22　　　　　　　　　　　　　　　　图 3-23

- 切角：其功能和操作方法与"圆角"相同，但创建的是切角，如图 3-24 所示。

- 轮廓：用于给选择的线设置轮廓，用法和"圆角"相同，如图 3-25 所示，该命令仅在"样条线"层级有效。

图 3-24            图 3-25

### 3.1.5 课堂案例——制作灵动曲线小吊灯

**案例学习目标**

学习如何创建并编辑样条线。

**案例知识要点**

使用线工具，创建并调整样条线的形状，并设置样条线的可渲染，结合使用其他的工具和修改器来完成小吊灯的制作，如图 3-26 所示。

**场景所在位置**

资源包 / 场景 /cha03/ 灵动曲线小吊灯 .max。

**效果图场景所在位置**

资源包 / 场景 /cha03/ 灵动曲线小吊灯 ok.max。

**贴图所在位置**

资源包 / 贴图。

图 3-26

制作灵动曲线小吊灯

**STEP 01** 单击"（创建）>（图形）>线"按钮，在"前"视图中单击确定线的点，绘制如图 3-27 所示的样条线。

**STEP 02** 切换到（修改）命令面板，将选择集定义为"顶点"，在场景中按【Ctrl+A】快捷键，全选顶点，如图 3-28 所示。

**STEP** 凸3 全选顶点后，用鼠标右击顶点，在弹出的快捷菜单中选择"平滑"命令，如图 3-29 所示。

图 3-27

图 3-28

**STEP** 凸4 平滑顶点后的效果，如图 3-30 所示。

**STEP** 凸5 用鼠标继续右击全选的顶点，在弹出的快捷菜单中选择"Bezier"命令，如图 3-31 所示。

图 3-29

图 3-30

图 3-31

**STEP** 凸6 将顶点转换为 Bezier 后，调整控制手柄，调整出样条线的形状，如图 3-32 所示。

**STEP** 凸7 使用同样的方法绘制另一条样条线，如图 3-33 所示。

**STEP** 凸8 分别选择样条线，在"渲染"卷展栏中勾选"在渲染中启用"和"在视口中启用"选项，设置"厚度"为 20，如图 3-34 所示。

**STEP** 凸9 继续创建如图 3-35 所示的闭合图形。

**STEP** 凸10 将选择集定义为"顶点"，在"几何体"卷展栏中使用"圆角"工具，设置图形的圆角，如图 3-36 所示。

**STEP** 凸11 关闭选择集，为图形施加"车削"修改器，在"参数"卷展栏中设置"分段"为 50、"方向"为 Y、"对齐"为"最小"，如图 3-37 所示。

图 3-32

图 3-33

图 3-34

图 3-35

图 3-36

**STEP 12** 单击 " （创建）> （图形 ▷ 线）" 按钮，在"前"视图中创建图形，如图 3-38 所示。

图 3-37

图 3-38

**STEP** 13 为模型施加"车削"修改器，在"参数"卷展栏中设置"分段"为 50，选择"方向"为 Y，将选择集定义为"轴"，在"前"视图中移动轴，调整模型的效果，如图 3-39 所示。

**STEP** 14 单击" ▓ （创建）> ▢ （图形）> 矩形"按钮，在"左"视图中创建矩形，在"参数"卷展栏中设置"长度"为 110、"宽度"为 60、"角半径"为 20，并设置合适的渲染参数，如图 3-40 所示。

**STEP** 15 复制并旋转矩形，形成万层灯的铁链。制作完成的灯模型，如图 3-41 所示。

图 3-39

图 3-40

图 3-41

## 3.2 创建二维图形

二维图形是创建复合物体、表面建模和制作动画的重要组成部分。用二维图形能创建出 3ds Max 2014 内置几何体中没有的特殊形体。创建二维图形是最主要的一种建模方法。

3ds Max 2014 提供了一些具有固定形态的二维图形，这些图形的造型比较简单，但都各具特点。通过对二维图形参数的设置，能产生很多形状的新图形。二维图形也是建模中常用的几何图形。

### 3.2.1 矩形

"矩形"用于创建矩形和正方形。下面介绍矩形的创建及其参数的设置和修改。

矩形的创建比较简单，操作步骤如下。

**STEP** 1 单击" ▓ （创建）> ▢ （图形）> 矩形"按钮。

**STEP** 2 将鼠标光标移到视图中，单击并按住鼠标左键不放拖曳光标，视图中生成一个矩形，移动光标调整矩形大小，在适当的位置松开鼠标左键，矩形创建完成，如图 3-42 所示。创建矩形时按住 Ctrl 键，可以创建出正方形。

图 3-42

单击矩形将其选中，然后单击 ▨ （修改）按钮，参数命令面板中会显示矩形的参数，如图 3-43 所示。

- 长度：用于设置矩形的长度值。
- 宽度：用于设置矩形的宽度值。
- 角半径：用于设置矩形的四角是直角还是有弧度的圆角。若其值为 0，则矩形的 4 个角都为直角。

图 3-43

矩形的参数比较简单，在参数的数值框中直接设置数值，矩形的形体即会发生改变，修改效果如图 3-44 所示。

图 3-44

## 3.2.2 圆和椭圆

圆和椭圆的形态比较相似，创建方法基本相同。下面介绍圆和椭圆的创建方法及其参数的设置。

下面以圆形为例来介绍创建方法，操作步骤如下。

**STEP 1** 单击"　（创建）> 　（图形）> 圆"按钮。

**STEP 2** 将鼠标光标移到视图中，单击并按住鼠标左键不放拖曳光标，视图中生成一个圆，移动光标调整圆的大小，在适当的位置松开鼠标左键，圆创建完成。在视口中单击拖动鼠标即可创建椭圆，如图 3-45 所示，（a）图为圆、（b）图为椭圆。

（a）圆 　　　　　　　　　　　　　（b）椭圆

图 3-45

单击圆或椭圆将其选中，然后单击 　（修改）按钮，在修改命令面板中会显示它们的参数，如图 3-46 所示。

"参数"卷展栏的参数中，圆的参数只有半径，椭圆的参数为长度和宽度，用于调整椭圆的长轴和短轴。

（a）圆的修改参数面板 　（b）椭圆的修改参数面板

图 3-46

## 3.2.3 文本

"文本"用于在场景中直接产生二维文字图形或创建三维的文字图形。下面介绍文本的创建方法及其参数的设置。

文本的创建方法很简单，操作步骤如下。

**STEP 1** 单击"　（创建）> 　（图形）> 文本"按钮，在参数面板中设置创建参数，在文本输入区输入要创建的文本内容，如图 3-47 所示。

STEP  将光标移到视图中并单击鼠标左键，文本创建完成，如图 3-48 所示。

图 3-47

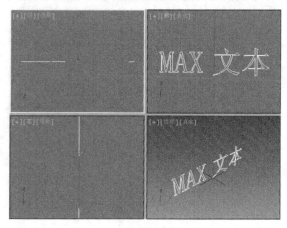

图 3-48

首先单击文本将其选中，然后单击 ✏️（修改）按钮，在修改命令面板中会显示文本的参数，如图 3-47 所示。

- 字体下拉列表框：用于选择文本的字体。
- *I* 按钮：设置斜体字体。
- U 按钮：设置下画线。
- 按钮：向左对齐。
- 按钮：居中对齐。
- 按钮：向右对齐。
- 按钮：两端对齐。
- 大小：用于设置文字的大小。
- 字间距：用于设置文字之间的间隔距离。
- 行间距：用于设置文字行与行之间的距离。
- 文本：用于输入文本内容，同时也可以进行改动。
- 更新：用于设置修改完文本内容后，视图是否立刻进行更新显示。当文本内容非常复杂时，系统可能很难完成自动更新，此时可选择手动更新方式。
- 手动更新：用于进行手动更新视图。当选择该复选框时，只有当单击"更新"按钮后，文本输入框中当前的内容才会被显示在视图中。

### 3.2.4 弧

"弧"可用于建立弧线和扇形。下面来介绍弧的创建方法及其参数的设置和修改。

弧有两种创建方法：一种是"端点－端点－中央"创建方法（系统默认设置），另一种是"中间－端点－端点"创建方法，如图 3-49 所示。

"端点－端点－中央"创建方法：建立弧时先引出一条直线，以直线的两端点作为弧的两个端点，然后移动鼠标光标确定弧的半径。

"中间－端点－端点"创建方法：建立弧时先引出一条直线作为弧的半径，再移动鼠标光标确定弧长。

图 3-49

创建弧的操作步骤如下。

STEP  单击" 🛠️ （创建）> 🗇 （图形）> 弧"按钮。

STEP  将鼠标光标移到视图中，单击并按住鼠标左键不放拖曳光标，视图中生成一条直线，如图 3-50 所示。松开鼠标左键并移动光标，调整弧的大小，如图 3-51 所示。在适当的位置单击鼠标左键，弧创建完成，如图 3-52 所示。图中显示的是以"端点－端点－中央"方式创建的弧。

图 3-50　　　　　　　　　　图 3-51　　　　　　　　　　图 3-52

单击弧将其选中，单击 （修改）按钮，在修改命令面板中会显示弧的参数，如图 3-53 所示。

- 半径：用于设置弧的半径大小。
- 从：用于设置建立的弧在其所在圆上的起始点角度。
- 到：用于设置建立的弧在其所在圆上的结束点角度。
- 饼形切片：选择该复选框，可分别把弧中心和弧的两个端点连接起来构成封闭的图形。

图 3-53

### 3.2.5　圆环

"圆环"用于制作由两个圆组成的圆环。下面介绍圆环的创建方法及其参数的设置。

圆环的创建方法比圆的创建方法多一个步骤，也比较简单，具体操作步骤如下。

**STEP 01**　单击" （创建）> （图形）> 圆环"按钮。

**STEP 02**　将鼠标光标移到视图中，单击并按住鼠标左键不放拖曳光标，视图中生成一个圆形，如图 3-54 所示，松开鼠标左键并移动光标，生成另一个圆，在适当的位置单击鼠标左键，圆环创建完成，如图 3-55 所示。

图 3-54　　　　　　　　　　　　图 3-55

单击圆环将其选中，单击 （修改）按钮，在修改命令面板中会显示圆环的参数，如图 3-56 所示。

- 半径 1：用于设置第 1 个圆形的半径大小。
- 半径 2：用于设置第 2 个圆形的半径大小。

### 3.2.6　多边形

图 3-56

使用"多边形"可以创建任意边数的正多边形，也可以创建圆角多边形。下面来介绍多边形的创建方法及其参数的设置和修改。

多边形的创建方法与圆的创建方法相同，操作步骤如下。

**STEP 01** 单击 " （创建）> （图形）> 多边形" 按钮。

**STEP 02** 将鼠标光标移到视图中，单击并按住鼠标左键不放拖曳光标，视图中生成一个多边形，移动光标调整多边形的大小，在适当的位置松开鼠标左键，多边形创建完成，如图 3-57 所示。

单击多边形将其选中，单击 （修改）按钮，在修改命令面板中会显示多边形的参数，如图 3-58 所示。

- 半径：用于设置正多边形的半径。
- 内接：使输入的半径为多边形的中心到其边界的距离。
- 外接：使输入的半径为多边形的中心到其顶点的距离。
- 边数：用于设置正多边形的边数，其范围是 3~100。
- 角半径：用于设置多边形在顶点处的圆角半径。
- 圆形：选择该复选框，设置正多边形为圆形。

图 3-57

图 3-58

### 3.2.7　星形

使用"星形"可以创建多角星形，也可以创建齿轮图案。下面来介绍星形的创建方法及其参数的设置和修改。

星形的创建方法与同心圆的创建方法相同，具体步骤如下。

**STEP 01** 单击 " （创建）> （图形）> 星形" 按钮。

**STEP 02** 将鼠标光标移到视图中，单击并按住鼠标左键不放拖曳光标，视图中生成一个星形，如图 3-59 所示，松开鼠标左键并移动光标，调整星形的形态，在适当的位置单击鼠标左键，星形创建完成，如图 3-60 所示。

图 3-59

图 3-60

单击星形将其选中，单击 （修改）按钮，在修改命令面板中会显示星形的参数，如图 3-61 所示。

- 半径 1：用于设置星形的内顶点所在圆的半径大小。
- 半径 2：用于设置星形的外顶点所在圆的半径大小。
- 点：用于设置星形的顶点数。
- 扭曲：用于设置扭曲值，使星形的齿产生扭曲。
- 圆角半径 1：用于设置星形内顶点处的圆滑角的半径。
- 圆角半径 2：用于设置星形外顶点处的圆滑角的半径。

图 3-61

### 3.2.8 课堂案例——制作铁艺画框

**案例学习目标**

学习创建星形和圆环两个图形。

**案例知识要点**

使用可渲染的星形和圆环，并结合使用阵列和圆柱体来辅助完成画框的制作，如图 3-62 所示。

**场景所在位置**

资源包 / 场景 /cha03/ 铁艺画框 .max。

**效果图场景所在位置**

资源包 / 场景 /cha03/ 铁艺画框 ok.max。

**贴图所在位置**

资源包 / 贴图。

图 3-62

制作铁艺画框

**STEP 01** 单击 " ▪ （创建）> ◦ （图形）> 星形" 按钮，在 "前" 视图中创建星形，在 "插值" 卷展栏中设置 "步数" 为 20；在 "参数" 卷展栏中设置 "半径 1" 为 400、"半径 2" 为 220、"点" 为 6、"扭曲" 为 180、"圆角半径 1" 为 250、"圆角半径 2" 为 115；在 "渲染" 卷展栏中勾选 "在渲染中启用" 和 "在视口中启用" 选项，设置 "厚度" 为 15，如图 3-63 所示。

**STEP 02** 单击 " ▪ （创建）> ◦ （图形）> 圆环" 按钮，在 "前" 视图中如图 3-64 所示的位置创建圆环，在 "参数" 卷展栏中设置 "半径 1" 为 920、"半径 2" 为 710，如图 3-64 所示，调整可渲染图形的位置。

图 3-63

图 3-64

**STEP** **3** 在场景中选择星形的图形，在工具栏中选择 （对齐）工具，在"前"视图中拾取圆环，在弹出对话框中选择"X、Y、Z 位置"选项，并选择"当前对象"为"轴心"，选择"目标对象"为"轴点"，单击"确定"按钮，如图 3-65 所示。

**STEP** **4** 确定当前视图为"前"视图，选择星形对象，在菜单栏中选择"工具 > 阵列"命令，在弹出的对话框中设置"旋转"的 Z 为 360，设置"阵列维度"的"ID> 数量"为 11，单击"确定"按钮，如图 3-66 所示。

图 3-65 图 3-66

**STEP** **5** 阵列复制出的模型，如图 3-67 所示。

**STEP** **6** 单击" （创建）> （几何体）> 圆柱体"按钮，在"前"视图中创建圆柱体，在"参数"卷展栏中设置"半径"为 700、"高度"为 20、"边数"为 30，如图 3-68 所示。

图 3-67 图 3-68

### 3.2.9 螺旋线

"螺旋线"用于制作平面或空间的螺旋线。下面来介绍螺旋线的创建方法及其参数的设置和修改。螺旋线的创建方法与其他二维图形的创建方法不同，操作步骤如下。

**STEP** **1** 单击" （创建）> （图形）> 螺旋线"按钮。

**STEP** **2** 将鼠标光标移到视图中，单击并按住鼠标左键不放拖曳光标，视图中生成一个圆形，如图 3-69 所示。松开鼠标左键并移动光标，调整螺旋线的高度，如图 3-70 所示。单击鼠标左键并移动光标，调整螺旋线顶半径的大小，再次单击鼠标左键，螺旋线创建完成，如图 3-71 所示。

图 3-69

图 3-70

图 3-71

单击螺旋线将其选中，单击 （修改）按钮，在修改命令面板中会显示螺旋线的参数，如图 3-72 所示。

- 半径 1：用于设置螺旋线底圆的半径大小。
- 半径 2：用于设置螺旋线顶圆的半径大小。
- 高度：用于设置螺旋线的高度。
- 圈数：用于设置螺旋线旋转的圈数。
- 偏移：用于设置在螺旋高度上，螺旋圈数的偏向强度，以表示螺旋线是靠近底圈，还是靠近顶圈。
- 顺时针 / 逆时针：用于选择螺旋线旋转的方向。

图 3-72

## 3.3 课堂练习——制作卷纸器

**＋ 练习知识要点**

使用可渲染的矩形和线以及配合使用一些几何体来完成卷纸器的制作，效果如图 3-73 所示。

**＋ 场景所在位置**

资源包 / 场景 /cha03/ 卷纸器 .max。

图 3-73

制作卷纸器

## 3.4 课后习题——制作吧椅

### 习题知识要点

使用可渲染的样条线，并对样条线进行编辑，结合使用切角长方体来制作吧椅，效果如图 3-74 所示。

### 场景所在位置

资源包 / 场景 /cha03/ 吧椅 .max。

图 3-74

制作吧椅

4

# 第4章
# 三维模型的创建

本章将介绍常用的将二维图形转换为三维模型的一些修改器、变形修改器和编辑样条线修改器等，通过使用这些修改器可以制作出各种各样需要的模型。

**课堂学习目标**

● 熟练掌握如何将二维图形转换为三维模型

● 熟练掌握变形修改器

● 熟练掌握编辑样条线修改器

# 4.1 修改命令面板功能简介

通过修改命令面板可以直接对几何体进行修改，还能实现修改命令之间的切换。在前面章节中对几何体的修改过程已经有过接触，接下来我们介绍修改命令面板的一些基本功能和应用。

创建几何体后，切换到 （修改）命令面板，面板中显示的是几何体的修改参数，当对几何体进行修改命令编辑后，修改命令堆栈中就会显示修改命令的参数，如图 4-1 所示。

在修改命令堆栈中，有些命令左侧有一个 ➕ 图标，表示该命令拥有子层级命令，单击此按钮，子层级就会打开，可以选择子层级命令，如图 4-2 所示。选择子层级命令后，该命令会变为黄色，表示已被启用，如图 4-3 所示。

修改器下拉列表 →
修改器堆栈 →
堆栈工具 →

图 4-1　　　　　图 4-2　　　　　图 4-3

接下来介绍修改命令面板的各种工具命令。

- 修改命令堆栈：用于显示使用的修改命令。
- 修改器列表：用于选择修改命令，单击后会弹出下拉菜单，可以选择要使用的修改命令。
- ☺（修改命令开关）：用于开启和关闭修改命令。单击后会变为 ☻ 图标，表示该命令被关闭，被关闭的命令不再对物体产生影响，再次单击此图标，命令会重新开启。
- ☷（从堆栈中移除修改器）：用于删除命令，在修改命令堆栈中选择修改命令，单击"塌陷"按钮，即可删除修改命令，修改命令对几何体进行过的编辑也会被撤销。
- ☰（配置修改器集）：用于对修改命令的布局进行重新设置，可以将常用的命令以列表或按钮的形式表现出来。

# 4.2 二维图形转化三维模型的方法

在前面的章节中介绍了二维图形的创建。通过对二维图形基本参数的修改，可以创建出各种形状的图形，但如何把二维图形转化为立体的三维图形并应用到建模中呢？本节将介绍通过修改命令，使二维图形转化为三维模型的建模方法。

## 4.2.1 车削命令

"车削"命令是通过绕轴旋转一个图形或 NURBS 曲线，进而生成三维形体的命令。通过旋转命令，能得到表面圆滑的物体。下面介绍"车削"命令的使用。

对于所有修改命令来说，都必须在物体被选中时才能对命令进行选择。"车削"命令是用于对二维图形进行编辑的命令，所以只有选择二维形体后才能选择"车削"命令。

在视图中任意创建一个二维图形，首先单击 ◿（修改）按钮，然后单击"修改器列表"按钮，从中选择"车削"命令，如图 4-4 所示。

选择"车削"命令后，在修改命令面板中会显示"车削"命令的"参数"，如图 4-5 所示。

- 度数：用于设置旋转的角度。
- 焊接内核：将旋转轴上重合的点进行焊接精简，以得到结构相对简单的造型。
- 翻转法线：选择该复选框，将会翻转造型表面的法线方向。

"封口"选项组。

- 封口始端：将挤出的对象顶端加面覆盖。
- 封口末端：将挤出的对象底端加面覆盖。
- 变形：选中该按钮，将不进行面的精简计算，以便用于变形动画的制作。
- 栅格：选中该按钮，将进行面的精简计算，但不能用于变形动画的制作。

"方向"选项组用于设置旋转中心轴的方向。X、Y、Z 分别用于设置不同的轴向。系统默认 Y 轴为旋转中心轴。

"对齐"选项组用于设置曲线与中心轴线的对齐方式。

- 最小：将曲线内边界与中心轴线对齐。
- 中心：将曲线中心与中心轴线对齐。
- 最大：将曲线外边界与中心轴线对齐。

图 4-4

图 4-5

### 4.2.2　课堂案例——制作玻璃洗手盆

**＋　案例学习目标**

学习使用车削修改器。

**＋　案例知识要点**

使用线工具来创建洗手盆的截面，调整图形的形状后，为其施加"车削"修改器来完成洗手盆的制作，如图 4-6 所示。

**＋　场景所在位置**

资源包 / 场景 /cha04/ 玻璃洗手盆 .max。

**＋　效果图场景所在位置**

资源包 / 场景 / cha04/ 玻璃洗手盆 ok.max。

**＋　贴图所在位置**

资源包 / 贴图。

图 4-6

制作玻璃洗手盆

**STEP** ☑️1️⃣ 单击 " ▒️ （创建）> ◎ （图形）> 线" 按钮，在 "前" 视图中单击创建洗手盆的截面图形，调整图形的形状，设置 "插值" 的 "步数" 为20，如图4-7所示。

**STEP** ☑️2️⃣ 切换到 ◢ （修改）命令面板，为图形施加 "车削" 修改器，在 "参数" 卷展栏中设置 "分段" 为50，选择 "方向" 为Y，将选择集定义为 "轴"，在 "前" 视图中调整轴的位置，调整出水孔，如图4-8所示。

图4-7

图4-8

### 4.2.3 挤出命令

"挤出" 命令可以使二维图形增加厚度，转化成三维物体。下面介绍 "挤出" 命令的参数和使用方法。

单击 " ▒️ （创建）> ◎ （图形）> 多边形" 按钮，在 "透视" 视图中创建一个星形，参数不用设置，如图4-9所示。

单击修改器列表，从中选择 "挤出" 命令，可以看到星形已经受到 "挤出" 命令的影响变为一个多边形平面，如图4-10所示。

图4-9

图4-10

在 "参数" 卷展栏的 "数量" 数值框中设置参数，多边形的高度会随之变化，如图4-11所示。

"挤出" 命令的参数如下。

- 数量：用于设置挤出的高度。
- 分段：用于设置在挤出高度上的段数。

"封口" 选项组参数如下。

图 4-11

- 封口始端：将挤出的对象顶端加面覆盖。
- 封口末端：将挤出的对象底端加面覆盖。
- 变形：选中该按钮，将不进行面的精简计算，以便用于变形动画的制作。
- 栅格：选中该按钮，将进行面的精简计算，不能用于变形动画的制作。

"输出"选项组用于设置挤出对象的输出类型。

- 面片：将挤出的对象输出为面片造型。
- 网格：将挤出的对象输出为网格造型。
- NURBS：将挤出的对象输出为 NURBS 曲面造型。

"挤出"命令的用法比较简单，一般情况下，大部分修改参数保持为默认设置即可，只对"数量"的数值进行设置就能满足一般建模的需要。

### 4.2.4　倒角命令

"倒角"命令只用于二维形体的编辑，可以对二维形体进行挤出，还可以对形体边缘进行倒角，如图 4-12 所示。下面介绍"倒角"命令的参数和用法。

选择"倒角"命令的方法与"车削"命令相同，选择时应先在视图中创建二维图形，选中二维图形后再选择"倒角"命令。

选择"倒角"命令后，修改命令面板中会显示其参数，如图 4-13 所示。"倒角"命令的参数主要分为两部分。

图 4-12

图 4-13

"封口"选项组：用于对造型两端进行加盖控制。如果对两端都进行加盖处理，则成为封闭实体。

- 始端：将开始截面封顶加盖。
- 末端：将结束截面封顶加盖。

"封口类型"选项组：用于设置封口表面的构成类型。

- 变形：不处理表面，以便进行变形操作，制作变形动画。
- 栅：进行表面网格处理，它产生的渲染效果要优于 Morph 方式。

"曲面"选项组：用于控制侧面的曲率和光滑度，并指定贴图坐标。

- 线性侧面：设置倒角内部片段划分为直线方式。
- 曲线侧面：设置倒角内部片段划分为弧形方式。
- 分段：用于设置倒角内部的段数。其数值越大，倒角越圆滑。
- 级间平滑：选中该复选框，将对倒角进行光滑处理，但总是保持顶盖不进行光滑处理。
- 生成贴图坐标：选中该复选框，将为造型指定贴图坐标。

"相交"选项组：用于在制作倒角时，改进因尖锐的折角而产生的突出变形。

- 避免线相交：选中该复选框，可以防止尖锐折角产生的突出变形。
- 分离：用于设置两个边界线之间保持的距离间隔，以防止越界交叉。

"倒角值"卷展栏用于设置不同倒角级别的高度和轮廓。

- 起始轮廓：用于设置原始图形的外轮廓大小。
- 级别 1/ 级别 2/ 级别 3：可分别设置 3 个级别的高度和轮廓大小。

### 4.2.5　课堂案例——制作星形壁灯

**+ 案例学习目标**

学习使用倒角修改器。

**+ 案例知识要点**

使用星形工具，为星形施加倒角修改器，结合使用可渲染的星形和编辑多边形来完成星形壁灯，效果如图 4-14 所示。

**+ 场景所在位置**

资源包 / 场景 /cha04/ 星形壁灯 .max。

**+ 效果图场景所在位置**

资源包 / 场景 / cha04/ 星形壁灯 ok.max。

**+ 贴图所在位置**

资源包 / 贴图

图 4-14

制作星形壁灯

**STEP 1** 单击"（创建）>（图形）>星形"按钮，在"前"视图中创建星形，在"参数"卷展栏中设置"半径 1"为 150、"半径 2"为 75、"点"为 5、"圆角半径 1"为 20、"圆角半径 2"为 10，如图 4-15 所示。

**STEP 2** 切换到（修改）命令面板，在"修改器列表"中选择"倒角"修改器，在"倒角值"卷展栏中设置"级别 1"的"高度"为 40；勾选"级别 2"选项，设置"高度"为 5、"轮廓"为 -3；勾选"级别 3"选项，设置"高度"为 30、"轮廓"为 -100，如图 4-16 所示。

图 4-15

图 4-16

**STEP 3** 按【Ctrl+V】快捷键，复制模型，选择复制的模型，在修改器堆栈中删除"倒角"修改器，并勾选星形图形"渲染"卷展栏中的"在渲染中启用"和"在视口中启用"选项，设置"厚度"为 5，如图 4-17 所示。

**STEP 4** 在场景中选择倒角后的星型模型，为其施加"编辑多边形"修改器，将选择集定义为"多边形"，在场景中将背面的多边形选中，并按 Delete 键，删除多边形，如图 4-18 所示。

图 4-17

图 4-18

## 4.2.6 倒角剖面命令

倒角剖面修改器使用一个图形作为路径或"倒角剖面"来挤出另一个图形。

倒角修改器的应用方法如下：

**STEP ** 在场景中创建一个多边形作为剖面图形，创建一个星形作为路径，如图 4-19 所示。

**STEP ** 为星形施加"倒角剖面"修改器，在场景中拾取剖面为多边形，如图 4-20 所示。

施加倒角剖面修改器后，即可显示相应的参数卷展栏，如图 4-21 所示。

图 4-19　　　　　　　　　　　图 4-20　　　　　　　　　　　图 4-21

- 拾取剖面：选中一个图形或 NURBS 曲线来用于剖面路径。
- 生成贴图坐标：指定 UV 坐标。
- 真实世界贴图大小：控制应用于该对象的纹理贴图材质所使用的缩放方法。

"封口"组：用来设置封口始端末端的选项。

- 始端：对挤出图形的底部进行封口。
- 末端：对挤出图形的顶部进行封口。

"封口类型"组：用来选择封口的类型。

- 变形：选中一个确定性的封口方法，它为对象间的变形提供相等数量的顶点。
- 栅格：创建更适合封口变形的栅格封口。

"相交"组：用来设置相交曲线后的选项。

- 避免线相交：防止倒角曲面自相交。这需要更多的处理器计算，而且在复杂几何体中很消耗时间。
- 分离：设定侧面为防止相交而分开的距离。

### 4.2.7　扫描命令

"扫描"修改器用于沿着基本样条线或 NURBS 曲线路径挤出横截面。类似于"放样"复合对象，但它是一种更有效的方法。

创建结构钢细节、建模细节或任何需要沿着样条线挤出截面的情况时，该修改器都非常有用。

在场景中选择需要施加"扫描"的图形，施加"扫描"修改器后可以显示出其相关的参数卷展栏，如图 4-22 所示。

首先来看一下"截面类型"卷展栏。

- 使用内置截面：选择该选项可使用一个内置的备用截面。

"内置截面"组：从该组中可以看到内置截面列表，单击箭头按钮使列表显示常用结构截面。

- 　┛角度　　　　　　　（角度截面）：沿着样条线扫描结构角度截面。默认的截面为角度。
- 　□条　　　　　　　　（条截面）：沿着样条线扫

图 4-22

描 2D 矩形截面。

- ⬜ **通道** （通道截面）：沿着样条线扫描结构通道截面。
- ○ **圆柱体** （圆柱体截面）：沿着样条线扫描实心 2D 圆截面。
- ⌒ **半圆** （半圆截面）：沿着样条线该截面生成一个半圆挤出。
- ◎ **管道** （管道截面）：沿着样条线扫描圆形空心管道截面。
- ▱ **1/4 圆** （四分之一圆截面）：用于建模细节。沿着样条线该截面生成一个四分之一圆形挤出。
- ⊤ **三通** （T 形截面）：沿着样条线扫描结构 T 形截面。
- ▱ **管状体** （管状体截面）：根据方形，沿着样条线扫描空心管道截面。与管截面类似。
- ⊥ **宽法兰** （宽法兰截面）：沿着样条线扫描结构宽法兰截面。
- 使用自定义截面：如果已经创建了自己的截面，或者当前场景中含有另一个形状，或者想要使用另一 MAX 文件作为截面，那么可以选择该选项。
- 截面：显示所选择的自定义图形的名称。该区域为空白直到选择了自定义图形。
- 拾取：如果想要使用的自定义图形在视口中可见，那么可以单击"拾取"按钮，然后直接从场景中拾取图形。
- 拾取图形：单击可按名称选择自定义图形。此对话框仅显示当前位于场景中的有效图形。其控件类似于"场景资源管理器"控件。
- 提取：在场景中创建一个新图形，这个新图形可以是副本、实例或当前自定义截面的参考。将打开"提取图形"对话框。
- 合并自文件：选择存储在另一个 MAX 文件中的截面。将打开"合并文件"对话框。
- 移动：沿着指定的样条线扫描自定义截面。与"实例""副本"和"参考"开关不同，选中的截面会向样条线移动。在视口中编辑原始图形不影响"扫描"网格。
- 复制：沿着指定样条线扫描选中截面的副本。
- 实例：沿着指定样条线扫描选定截面的实例。
- 参考：沿着指定样条线扫描选中截面的参考。

"扫描"修改器的"插值"卷展栏中控件的工作方式，与它们对任何其他样条线所执行的操作完全相同。但是，控件只影响选中的内置截面，而不影响截面扫描所沿的样条线。

- 步数：设置 3ds Max 在每个内置的截面顶点间所使用的分割数（或步数）。带有急剧曲线的样条线需要许多步数才能显得平滑，而平缓曲线则需要较少的步数。
- 优化：启用此选项后，可以从样条线的直线线段中删除不需要的步数。默认设置为启用。
- 自适应：启用后，可以自动设置每个样条线的步长数，以生成平滑曲线。

"参数"卷展栏是上下文相关的，并且会根据所选择的沿着样条线扫描的内置截面而显示不同的设置。例如，较复杂的截面如"角度"截面有七个可以更改的设置，而"四分之一圆"截面则只有一个设置。

"扫描参数"卷展栏用于设置扫描的截面参数设置。

- XZ 平面上的镜像：启用该选项后，截面相对于应用"扫描"修改器的样条线垂直翻转。默认设置为禁用状态。
- XY 平面上的镜像：启用该选项后，截面相对于应用"扫描"修改器的样条线水平翻转。默认设置为禁用状态。
- X 偏移：相对于基本样条线移动截面的水平位置。
- Y 偏移：相对于基本样条线移动截面的垂直位置。
- 角度：相对于基本样条线所在的平面旋转截面。

- 平滑截面：提供平滑曲面，该曲面环绕着沿基本样条线扫描的截面的周界。默认设置为启用。
- 平滑路径：沿着基本样条线的长度提供平滑曲面。对曲线路径这类平滑十分有用。默认设置为禁用状态。
- 轴对齐：提供帮助将截面与基本样条线路径对齐的 2D 栅格。选择九个按钮之一来围绕样条线路径移动截面的轴。
- 对齐轴：启用该选项后，"轴对齐"栅格在视口中以 3D 外观显示。只能看到 3 x 3 的对齐栅格、截面和基本样条线路径。实现满意的对齐后，就可以关闭"对齐轴"按钮或右键单击以查看扫描。
- 倾斜：启用该选项后，只要路径弯曲并改变其局部 Z 轴的高度，截面便围绕样条线路径旋转。
- 并集交集：如果使用多个交叉样条线，比如栅格，那么启用该开关可以生成清晰且更真实的交叉点。
- 使用截面 ID：使用指定给截面分段的材质 ID 值，该截面是沿着基本样条线或 NURBS 曲线扫描的。默认设置为启用。
- 使用路径 ID：使用指定给基本曲线中基本样条线或曲线子对象分段的材质 ID 值。

### 4.2.8 课堂案例——制作推拉门

**+ 案例学习目标**

学习使用扫描修改器。

**+ 案例知识要点**

创建门的路径和图形，制作扫描出的门框，并创建可渲染的图形作为门和装饰图形，如图 4-23 所示。

**+ 场景所在位置**

资源包 / 场景 /cha04/ 推拉门 .max。

**+ 效果图场景所在位置**

资源包 / 场景 /cha04/ 推拉门 ok.max。

**+ 贴图所在位置**

资源包 / 贴图。

图 4-23

制作推拉门

**STEP 01** 单击"（创建）>（图形）>矩形"按钮，在"前"视图中创建矩形，在"参数"卷展栏中设置"长度"为 300、"宽度"为 500，如图 4-24 所示。

**STEP 02** 切换到（修改）命令面板为图形施加"编辑样条线"修改器，将选择集定义为"分段"，在场景中选择底端的分段，如图 4-25 所示，按 Delete 键删除分段。

图 4-24　　　　　　　　　　　　　　　　　　图 4-25

**STEP 03** 单击"（创建）>（图形）>矩形"按钮，在"顶"视图中创建矩形，在"参数"卷展栏中设置"长度"为 50、"宽度"为 30，如图 4-26 所示。

**STEP 04** 在场景中创建圆，并对圆进行复制，如图 4-27 所示。

图 4-26　　　　　　　　　　　　　　　　　　图 4-27

**STEP 05** 为小矩形施加"编辑样条线"修改器，在"几何体"卷展栏中单击"附加"按钮，附加圆，如图 4-28 所示。

**STEP 06** 将选择集定义为"样条线"修改器，在"几何体"卷展栏中单击"修剪"按钮，在场景中修剪掉不需要的线段，如图 4-29 所示。

**STEP 07** 修剪图形后将选择集定义为"顶点"，按【Ctrl+A】快捷键，全选顶点，在"几何体"卷展栏中单击"焊接"按钮，焊接顶点，如图 4-30 所示。

**STEP 08** 关闭选择集，在场景中选择较大的矩形作为门框，切换到（修改）命令面板，在"修改器列表"中选择"扫描"修改器，在"截面类型"卷展栏中选择"使用自定义截面"选项，并单击"拾取"按钮，拾取修剪后的图形，如图 4-31 所示。

图 4-28　　　　　　　　　　　　　　图 4-29

图 4-30　　　　　　　　　　　　　　图 4-31

**STEP** 9　单击"（创建）>（图形）> 矩形"按钮，在"前"视图中创建矩形，切换到（修改）命令面板，在"参数"卷展栏中设置"长度"为 273、"宽度"为 110；在"渲染"卷展栏中勾选"在渲染中启用"和"在视口中启用"选项，选择"矩形"选项，设置"长度"为 20、"宽度"为 10，如图 4-32 所示，调整矩形的位置。

**STEP** 10　为创建的门框可渲染图形施加"编辑多边形"修改器，这样可以将其转换为网格，如图 4-33 所示。

图 4-32　　　　　　　　　　　　　　图 4-33

**STEP** 11　单击"（创建）>（图形）> 弧"按钮，在"前"视图中通过捕捉顶点创建弧，如图 4-34 所示。

**STEP 12** 单击"＊（创建）＞ ◯（几何体）＞ 平面"按钮，在"前"视图中通过对顶点的捕捉创建门的玻璃，如图 4-35 所示。

图 4-34                    图 4-35

**STEP 13** 在场景中选择弧，设置其可渲染的参数，渲染类型为"矩形"，设置"长度"为 10、"宽度"为 10，如图 4-36 所示。

**STEP 14** 在场景中复制门框和玻璃模型，并继续创建"弧"作为装饰，如图 4-37 所示。

图 4-36                    图 4-37

**STEP 15** 对模型进行复制，复制完成后可以将左右两扇门分别进行成组，使用 FFD 变形修改器，调整模型的大小，这里就不详细介绍了，完成的推拉门如图 4-38 所示。

图 4-38

# 4.3 变形修改器

接下来我们来介绍一些可以将网格模型变形的一些修改器。

## 4.3.1 弯曲命令

"弯曲"命令是一个比较简单的命令，它可以使物体产生弯曲效果。弯曲命令可以调节弯曲的角度和方向以及弯曲所依据的坐标轴向，还可以将弯曲修改限制在一定区域内。

单击"　　（创建）>　　（几何体）> 长方体"按钮，在视图中创建一个长方体，切换到　　（修改）命令面板，然后单击修改器列表，从中选择"弯曲"命令，修改命令面板中会显示弯曲命令的参数，长方体周围会出现弯曲命令的套框，如图 4-39 所示。

"弯曲"命令的参数如下。

"弯曲"选项组用于设置弯曲的角度和方向。

- 角度：用于设置沿垂直面弯曲的角度大小。
- 方向：用于设置弯曲相对于水平面的方向。

"弯曲轴"选项组用于设置弯曲所依据的坐标轴向。

- X、Y、Z：用于指定将被弯曲的轴。

"限制"选项组用于控制弯曲的影响范围。

- 限制效果：选中该复选框，指定对象限制影响的范围，其影响区域由上限、下限的值确定。
- 上限：设置弯曲的上限，在此限度以上的区域将不会受到弯曲的影响。
- 下限：设置弯曲的下限，在此限度与上限之间的区域都将受到弯曲的影响。

图 4-39

t 在参数面板中对"角度"的值进行调整，长方体会随之发生弯曲，如图 4-40 所示。

（a）角度数值为 90°　　　　　（b）角度数值为 180°　　　　　（c）角度数值为 360°

图 4-40

将弯曲角度设置为 90°，依次选择弯曲轴向选项组中的 3 个轴向，圆柱体的弯曲方向会随之发生变化，如图 4-41 所示。

几何体的分段数与弯曲效果也有很大关系。几何体的分段数越多，弯曲表面就越光滑。对于同一几何体，弯曲命令的参数不变。如果改变几何体的分段数，形体也会发生很大变化。

在修改命令堆栈中单击"弯曲"命令前面的　　按钮，会弹出弯曲命令的两个选项，如图 4-42 所示，然后单击"Gizmo"选项，视图中出现黄色的套框，如图 4-43 所示。

（a）X 轴

（b）Y 轴

（c）Z 轴

图 4-41

图 4-42　　　　　　　　　　　　　　　图 4-43

使用 ⊕（选择并移动）工具在视图中移动套框，圆柱体的弯曲形态会随之发生变化。

单击"中心"选项，视图中弯曲中心点的颜色会变为黄色，如图 4-44 所示。使用 ⊕（选择并移动）工具改变弯曲中心的位置，圆柱体的弯曲形态会随之发生变化。

图 4-44

## 4.3.2　球形化命令

球形化修改器将对象扭曲为球形。此修改器只有一个参数（百分比微调器），可以将对象尽可能地变形为球形。

单击" ⊛（创建）> ◯（几何体）> 长方体"按钮，在视图中创建一个长方体。设置合适的参数，切换到 ◿（修改）命令面板，然后单击修改器列表，从中选择"球形化"命令，修改命令面板中会显示球形化命令的参数，长方体即可根据球形化的参数改变形状，如图 4-45 所示。

图 4-45

"球形化"命令的参数如下。

- 百分比：设置应用于对象的球形化扭曲的百分比。

### 4.3.3 课堂案例——制作鼓凳

⊕ 案例学习目标

学习如何使用弯曲和球形化修改器。

⊕ 案例知识要点

使用矩形、弧和圆工具，结合使用扫描、挤出、弯曲、球形化修改器来完成鼓凳的制作，如图 4-46 所示。

⊕ 场景所在位置

资源包 / 场景 /cha04/ 鼓凳 .max。

⊕ 效果图场景所在位置

资源包 / 场景 /cha04/ 鼓凳 ok.max。

⊕ 贴图所在位置

资源包 / 贴图。

制作鼓凳

图 4-46

**STEP** 01 单击 " (创建) > (图形) > 矩形"按钮，在"前"视图中创建矩形，在"参数"卷展栏中设置"长度"为 260、"宽度"为 25，如图 4-47 所示。

**STEP** 02 按【Ctrl+V】快捷键复制矩形，切换到 (修改)命令面板，在"参数"卷展栏中修改"长度"为 200、"宽度"为 15、"角半径"为 5，如图 4-48 所示。

图 4-47　　　　　　　　　　　　　　　　　　　　　图 4-48

**STEP 03** 在场景中为其中一个矩形施加"编辑样条线"修改器，在"几何体"卷展栏中单击"附加"按钮，附加场景中的另一个矩形，将选择集定义为"分段"，在场景中选择两外侧的垂直的分段，设置"拆分"为 14，单击"拆分"按钮，拆分分段，如图 4-49 所示。

**STEP 04** 设置内侧矩形的垂直分段的"拆分"为 10，如图 4-50 所示。

图 4-49　　　　　　　　　　　　　　　　　　　　　图 4-50

**STEP 05** 关闭选择集，在"修改器列表"中选择"挤出"修改器，在"参数"卷展栏中设置"数量"为 20。在"前"视图中按住 Shift 键移动复制模型，在弹出的"克隆选项"对话框中选择"复制"选项，设置"副本数"为 30，单击"确定"按钮，如图 4-51 所示。

**STEP 06** 复制模型后，全选模型，在"修改器列表"中选择"弯曲"修改器，在"参数"卷展栏中设置"角度"为 360，"方向"为 90，"弯曲轴"为 X，在场景中旋转 Gizmo，如图 4-52 所示。

**STEP 07** 为模型施加"球形化"修改器，在"参数"卷展栏中设置"百分比"为 60，如图 4-53 所示。

图 4-51

图 4-52

**STEP** 🔼**8** 单击 " ✦ （创建）> ◔ （图形）> 圆 " 按钮，在 " 顶 " 视图中根据模型的大小创建圆，合适即可。

**STEP** 🔼**9** 单击 " ✦ （创建）> ◔ （图形）> 弧 " 按钮，在 " 前 " 视图中创建弧，作为倒角剖面图形，如图 4-54 所示。

图 4-53

图 4-54

**STEP** 🔼**10** 在场景中选择圆图形，为其施加 " 倒角剖面 " 修改器，在 " 参数 " 卷展栏中单击 " 拾取剖面 " 按钮，在场景中拾取弧，如图 4-55 所示，调整模型到合适的位置。

**STEP** 🔼**11** 在 " 前 " 视图中创建半球，设置合适的参数。在场景中调整模型到合适的位置，切换到 ⊞ （层次）命令面板，在 " 调整轴 " 卷展栏中单击 " 仅影响轴 " 按钮，在场景中调整半球的中心位置，如图 4-56 所示。

**STEP** 🔼**12** 在菜单栏中选择 " 工具 > 阵列 " 命令，在弹出的对话框中设置 " 旋转 > 总计 " 的 Z 参数为 360，设置 " 阵列维度 " 的 " 1D > 数量 " 为 30，单击 " 确定 " 按钮，如图 4-57 所示。

**STEP** 🔼**13** 复制阵列后的半球，完成鼓凳的制作，如图 4-58 所示。

图 4-55

图 4-56

图 4-57

图 4-58

### 4.3.4　锥化命令

"锥化"命令主要用于对物体进行锥化处理，通过缩放物体的两端而产生锥形轮廓，同时可以加入光滑的曲线轮廓。通过调节锥化的倾斜度和曲线轮廓的曲度，还能产生局部锥化效果。

单击"　（创建）>　（几何体）> 圆柱体"按钮，在透视图中创建一个圆柱体。切换到　（修改）命令面板，然后单击修改器列表，从中选择"锥化"命令，修改命令面板中会显示"锥化"命令的参数，圆柱体周围会出现锥化命令的套框，如图 4-59 所示。

"锥化"选项组。

- 数量：用于设置锥化倾斜的程度。
- 曲线：用于设置锥化曲线的曲率。

"锥化轴"选项组用于设置锥化所依据的坐标轴向。

- 主轴：用于设置基本锥化的依据轴向。
- 效果：用于设置锥化所影响的轴向。
- 对称：选中该复选框，将会产生相对于主坐标轴对称的锥化效果。

"限制"选项组用于控制锥化的影响范围。

图 4-59

- 限制效果：选中该复选框，打开限制影响，将允许用户限制锥化影响的上限值和下限值。
- 上限 / 下限：分别用于设置锥化限制的区域。

通过更改参数可以设置出模型的锥化效果，图 4-60 所示为锥化各种效果。

图 4-60

 **提示**

几何体的分段数和锥化的效果有很大关系，段数越多，锥化后物体表面就越圆滑。继续以圆柱体为例，通过改变段数，来观察锥化效果的变化。

### 4.3.5 扭曲命令

"扭曲"命令主要用于对物体进行扭曲处理。通过调整扭曲的角度和偏移值，可以得到各种扭曲效果，同时还可以通过限制参数的设置，使扭曲效果限定在固定的区域内。

单击" ▣ （创建）> ◯ （几何体）> 四棱锥"按钮，在透视图中创建一个四棱锥。切换到 ◪ （修改）命令面板，单击修改器列表，从中选择"扭曲"命令，修改命令面板中会显示扭曲命令的参数，如图 4-61 所示。透视图中长方体周围会出现扭曲命令的套框，如图 4-62 所示。

图 4-61

图 4-62

- 角度：用于设置扭曲的角度大小。
- 偏移：用于设置扭曲向上或向下的偏向度。
- 扭曲轴：用于设置扭曲依据的坐标轴向。
- 限制效果：选中该复选框，打开限制影响。
- 上限 / 下限：用于设置扭曲限制的区域。

通过设置扭曲的参数可以设置出扭曲的各种效果，如图 4-63 所示。

图 4-63

## 4.3.6 FFD

FFD 代表"自由形式变形",它的效果可用于类似舞蹈汽车或坦克的计算机动画中,也可用于构建类似椅子和雕塑的图形。

FFD 自由形式变形:修改器使用晶格框包围选中的几何体。通过调整晶格的控制点,可以改变封闭几何体的形状。

FFD 自由变形提供了三种晶格解决方案和两种形体解决方案。控制点相对原始晶格源体积的偏移位置会引起受影响对象的扭曲,如图 4-64 所示。

三种晶格包括 FFD 2×2×2、FFD 3×3×3 与 FFD 4×4×4,它提供具有相应数量控制点的晶格对几何体进行形状变形。

两种形体包括 FFD(长方体)和 FFD(圆柱体)。使用 FFD(长方体/圆柱体)修改器,可在晶格上设置任意数目的点,这使它们比基本修改器的功能更强大。

FFD(圆柱体)是自由变形命令中比较常用的修改器,可以通过自由地设置控制点对几何体进行变形。

在视图中创建一个几何体,切换到 命令面板。在修改器列表中选择"FFD 4×4×4"命令,可看到几何体上出现了"FFD"控制点,如图 4-65 所示。在修改命令堆栈中选择 ![icon] 选项,显示出子层级选项,如图 4-66 所示。

图 4-64

图 4-65

图 4-66

- 控制点:可以选择并操纵晶格的控制点,也可以一次处理一个或以组为单位一次处理多个几何体。操纵控制点将影响基本对象的形状。
- 晶格:可从几何体中单独摆放、旋转或缩放晶格框。当首次应用 FFD 时,默认晶格是一个包围几何体的边界框。移动或缩放晶格时,仅位于体积内的顶点子集合可应用局部变形。
- 设置体积:此时晶格控制点变为绿色,可以选择并操作控制点而不影响修改对象。这使晶格更精确地符合不规则形状对象。当变形时,这将提供更好的控制。

在对几何体进行 FFD 自由变形命令编辑时，必须考虑到几何体的分段数，如果几何体的分段数很低，自由变形命令的效果也不会明显，如图 4-67 所示。当增加几何体的分段数后，形体变化的几何体变得更圆滑，如图 4-68 所示。

图 4-67　　　　　　　　　　　　　　　　图 4-68

# 4.4 编辑样条线命令

"编辑样条线"修改器为选定图形的不同层级提供显示的编辑工具，它包括顶点、分段或者样条线。"编辑样条线"修改器匹配基础"可编辑样条线"对象的所有功能。

编辑样条线命令：专门用于编辑二维图形的修改命令，在建模中的使用率非常高。编辑样条线命令与线的修改参数相同，但该命令可以用于所有二维图形的编辑修改。

在视图中任意创建一个二维图形，切换到 ![图标]（修改）命令面板，然后单击修改器列表，从中选择"编辑样条线"命令，修改命令面板中会显示命令参数，如图 4-69 所示。

"几何体"卷展栏中提供了关于样条曲线的大量几何参数，其参数面板很繁杂，包含了大量的命令按钮和参数选项。

打开几何体卷展栏，依次激活"编辑样条线"命令的子层级命令，观察几何体卷展栏下的各参数命令。激活子层级命令，参数面板中相对应的命令也会被激活。下面对各子层级命令中的参数进行介绍，个别参数请参见第 3 章中的相关内容。

顶点参数："顶点"层级命令的参数使用率比较高，是主要的命令参数。在修改命令堆栈中单击"顶点"选项，相应的参数命令被激活，如图 4-70 所示。

图 4-69　　　　　　　　　　　　　　　　图 4-70

- 自动焊接：选中该选项，阈值距离范围内的线的两个端点自动焊接。该选项在所有次对象级都可用。
- 阈值距离：用于设置实行自动焊接节点之间的距离。
- 焊接：可以将两个或多个节点合并为一个节点。

单击"■（创建）> □（图形）> 圆"按钮，在"前"视图中创建圆。切换到 □（修改）命令面板，然后单击修改器列表，从中选择"编辑样条线"命令。在修改命令堆栈中单击"■ > 顶点"选项，在视图中用光标框选两个节点，如图 4-71 所示。在参数面板中设置"焊接"数值，然后单击"焊接"按钮，选择的点即被焊接，如图 4-72 所示。"焊接"的数值表示节点间的焊接范围，在其范围内的节点才能被焊接。

图 4-71

图 4-72

焊接只能在一条线的节点间进行焊接操作，并且只能在相邻的节点间进行焊接，不能越过节点进行焊接。

- 连接：用于连接两个断开的点。单击"连接"按钮，将鼠标光标移到线的一个端点上，鼠标变为 ⊕ 形状，按住鼠标左键不放并拖曳光标到另一个端点上，如图 4-73 所示。松开鼠标左键，两个端点会连接在一起，如图 4-74 所示。

图 4-73

图 4-74

- 插入：用于在二维图形上插入节点。单击"插入"按钮后，将光标移到要插入节点的位置，鼠标变为 ✑ 形状，如图 4-75 所示。单击鼠标左键，节点即被插入。插入的节点会跟随光标移动，如图 4-76 所示，不断单击鼠标左键则可以插入更多节点，单击鼠标右键结束操作，如图 4-77 所示。

图 4-75

图 4-76

图 4-77

- 设为首顶点：用于将线上的一个节点指定为曲线起点。
- 熔合：用于将所选中的多个节点移动到它们的平均中心位置。选择多个节点后，单击"熔合"按钮，所选择的节点都会移到同一个位置，如图 4-78 所示。被熔合的节点是相互独立的，可以单独选择编辑，如图 4-79 所示。

 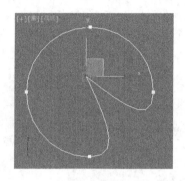

图 4-78 图 4-79

- 循环：用于循环选择节点。选择一个节点，然后单击此按钮，可以按节点的创建顺序循环更换选择目标。
- 圆角：可以在选定的节点处创建一个圆角。
- 切角：可以在选定的节点处创建一个切角。
- 删除：用于删除所选择的对象。

分段参数："分段"层级的参数命令比较少，使用率也相对较低。在修改命令堆栈中单击"分段"选项，相应的参数命令被激活，如图 4-80 所示。

- 拆分：用于平均分割线段。选择一个线段，然后单击"拆分"按钮，可在线段上插入指定数目的节点，从而将一条线段分割为多条线段，如图 4-81 所示。
- 分离：用于将选中的线段或样条曲线从样条曲线中分离出来。系统提供了 3 种分离方式供选择：同一图形、重定向和复制。

图 4-80

图 4-81

样条线参数：样条线层级的参数使用率较高。下面着重介绍其中常用的参数命令，如图 4-82 所示。

- 反转：用于颠倒样条曲线的首末端点。选择一个样条曲线，然后单击"反转"按钮，可以将选中的样条曲线的第一个端点和最后一个端点颠倒。
- 轮廓：用于给选定的线设置轮廓。
- 布尔：用于将两个二维图形按指定的方式合并到一起，有 3 种运算方式： ⬨（并集）、 ⬨（差集）和 ⬨（相交）。

在"前"视图中创建一个矩形和一个星形，如图 4-83 所示。单击矩形将其选中，切换到 ⬨（修改）

命令面板，单击修改器列表，从中选择"编辑样条线"命令，在参数面板中单击"附加"按钮，然后单击星形，如图 4-84 所示，将它们结合为一个物体。在修改命令堆栈中单击"**➕** > 样条线"选项，将矩形选中，选择运算方式后单击"布尔"按钮，在视图中单击星形，完成运算，如图 4-85 所示。

| 图 4-82 | 图 4-83 | 图 4-84 |

（a）⬤并集方式　　　（b）⬤差集方式　　　（c）⬤交集方式

图 4-85

- 镜像：用于对所选择的曲线进行镜像处理。系统提供了 3 种镜像方式：▯◻（水平镜像）、吕（垂直镜像）和 ◈（双向镜像）。

 提示

*进行布尔运算必须是同一个二维图形的样条线对象，如果是单独的几个二维图形，应先使用"附加"工具，将图形附加为一个二维图形后，才能对其进行布尔运算。进行布尔运算的线必须是封闭的，样条曲线本身不能自相交，要进行布尔运算的线之间不能有重叠部分。*

"镜像"命令下方有两个复选框。复制：选中该复选框可以将样条曲线复制并镜像产生一个镜像复制品。以轴为中心：用于决定镜向的中心位置，若选中该复选框，将以样条曲线自身的轴心点为中心镜像曲线；未选中时，则以样条曲线的几何中心为中心来镜像曲线。"镜像"命令的使用方法与前面的"布尔"命令相同。

- 修剪：用于删除交叉的样条曲线。
- 延伸：用于将开放样条曲线最接近拾取点的端点扩展到曲线的交叉点。一般在应用"修剪"命令后使用此命令。

以上介绍了"编辑样条线"命令中比较重要的参数，它们都是在实际建模中经常使用到的参数命令。该命令的参数比较多，要熟练掌握还需要进行实际操作。下面的章节将会通过几个典型实例来帮助大家熟练运用。

# 4.5 课堂练习——制作吊扇

### + 练习知识要点

使用线创建扇叶的形状，并使用挤出修改器设置其模型的厚度，结合使用其他的几何体和编辑多边形修改器来完成吊扇的制作，如图 4-86 所示。

### + 场景所在位置

资源包 / 场景 /cha04/ 吊扇 .max。

图 4-86

制作吊扇

# 4.6 课后习题——制作中式床凳

### + 习题知识要点

使用线创建截面，并调整图形的形状，结合使用挤出和编辑多边形来完成中式床凳的制作，如图 4-87 所示。

### + 场景所在位置

资源包 / 场景 /cha04/ 中式床凳 .max。

图 4-87

制作中式床凳

## 第5章
## 高级建模

在前面各章中讲解了在3ds Max中基础建模，以及常用的修改器对基本模型进行修改产生新的模型。要想制作一些更加精细的真实复杂的模型就要使用高级建模的技巧才能实现。通过本章学习，读者应掌握常用的多边形建模、网格建模、NURBS建模和面片建模四种高级建模的方法。

### 课堂学习目标

- 熟练掌握多边形和网格建模的方法

- 熟练掌握NURBS建模的方法

- 熟练掌握面片建模的方法

# 5.1 多边形建模

多边形建模是使用可编辑多边形和编辑多边形修改器来制作完成的模型。

"编辑多边形"对象也是一种网格对象，它在功能和使用上几乎和"编辑网格"是一致的。不同的是，"编辑网格"是由三角形面构成的框架结构，而"编辑多边形"对象既可以是三角网格模型，也可以是四边形甚至是更多，其功能也比"编辑网格"强大。

## 5.1.1 "编辑多边形"修改器

创建一个三维模型后，确认该物体处于被选状态，切换到 （修改）命令面板，在"修改器列表"中选择"编辑多边形"修改器即可。或者也可以在创建模型后，右击模型，在弹出的快捷菜单中选择"转换为 > 转换为可编辑多边形"命令，将模型转换为"可编辑多边形"模型。

"编辑多边形"修改器与"可编辑多边形"的区别如下。

"编辑多边形"修改器与"可编辑多边形"大部分功能相同，但卷展栏功能有不同之处，如图5-1所示。

① "编辑多边形"是一个修改器，具有修改器状态所说明的所有属性。其中包括在堆栈中将"编辑多边形"放到基础对象和其他修改器上方，在堆栈中将修改器移动到不同位置以及对同一对象应用多个"编辑多边形"修改器（每个修改器包含不同的建模或动画操作）的功能。

② "编辑多边形"有两个不同的操作模式："模型"和"动画"。

③ "编辑多边形"中不再包括始终启用的"完全交互"开关功能。

④ "编辑多边形"提供了两种从堆栈下部获取现有选择的新方法：使用堆栈选择和获取堆栈选择。

⑤ "编辑多边形"中缺少"可编辑多边形"的"细分曲面"和"细分置换"卷展栏。

图5-1

## 5.1.2 "编辑多边形"的参数

### 1. 子物体层级

"编辑多边形"修改器的子物体层级（见图5-2）详解如下。

- 顶点：位于相应位置的点。它们定义构成多边形对象的其他子对象的结构。当移动或编辑顶点时，它们形成的几何体也会受影响。顶点也可以独立存在，这些孤立顶点可以用来构建其他几何体，但在渲染时，它们是不可见的。当将选择集定义为"顶点"时可以选择单个或多个顶点，并且使用标准方法来移动它们。

- 边：连接两个顶点的直线，它可以形成多边形的边。边不能由两个以上多边形共享。另外，两个多边形的法线应相邻，如果不相邻，应卷起共享顶点的两条边。当将选择集定义为"边"时可选择一条和多条边，然后使用标准方法变换它们。

- 边界：网格的线性部分，通常可以描述为孔洞的边缘。它通常是多边形仅位于一面时的边序列。例如，长方体没有边界，但茶壶对象

图5-2

有若干边界包括壶盖、壶身和壶嘴上有边界，还有两个在壶把上。如果创建圆柱体，然后删除末端多边形，相邻的一行边会形成边界。当将选择集定义为"边界"时可选择一个和多个边界，然后使用标准方法变换它们。

- 多边形：通过曲面连接的 3 条或多条边的封闭序列。多边形提供"编辑多边形"对象的可渲染曲面。当将选择集定义为"多边形"时可选择单个或多个多边形，然后使用标准方法变换它们。
- 元素：两个或两个以上元素可组合为一个更大对象的单个网格对象。

### 2."编辑多边形模式"卷展栏

"编辑多边形模式"卷展栏是"编辑多边形"修改器中的公共参数卷展栏，无论当前处于何种选择集，都有该卷展栏，如图 5-3 所示。

- 模型：用于使用"编辑多边形"功能建模。在"模型"模式下，不能设置操作的动画。
- 动画：用于使用"编辑多边形"功能设置动画。除选择"动画"外，必须启用"自动关键点"或使用"设置关键点"才能设置子对象变换和参数更改的动画。
- 标签：显示当前存在的任何命令。否则，它将显示＜无当前操作＞。
- 提交：在"模型"模式下，使用小盒接受任何更改并关闭小盒（与小盒上的确定按钮相同）。在"动画"模式下，冻结已设置动画的选择在当前帧的状态，然后关闭对话框，会丢失所有现有关键帧。
- 设置：切换当前命令的小盒。
- 取消：取消最近使用的命令。
- 显示框架：在修改或细分之前，切换显示编辑多边形对象的两种颜色线框的显示。框架颜色显示为复选框右侧的色样。第一种颜色表示未选定的子对象，第二种颜色表示已选定的子对象。通过单击其色样更改颜色。"显示框架"切换只能在子对象层级使用。

图 5-3

### 3."选择"卷展栏

"选择"卷展栏是"编辑多边形"修改器中的公共参数卷展栏，无论当前处于何种选择集，都有该卷展栏。该卷展栏是比较实用的，如图 5-4 所示。

- ▦（顶点）：访问"顶点"子对象层级，可从中选择光标下的顶点，区域选择将选择区域中的顶点。
- ◁（边）：访问"边"子对象层级，可从中选择光标下的多边形的边，也可框选区域中的多条边。
- ▦（边界）：访问"边界"子对象层级，可从中选择构成网格中孔洞边框的一系列边。
- ▣（多边形）：访问"多边形"子对象层级，可选择光标下的多边形，区域选择将选中区域中的多个多边形。
- ▱（元素）：访问"元素"子对象层级，通过它可以选择对象中所有相邻的多边形，区域选择将用于选择多个元素。
- 使用堆栈选择：启用时，编辑多边形自动使用在堆栈中向上传递的任何现有子对象选择，并禁止用户手动更改选择。

图 5-4

- 按顶点：启用时，只有通过选择所用的顶点，才能选择子对象。单击顶点时，将选择使用该选定顶点的所有子对象。该功能在"顶点"子对象层级上不可用。

- 忽略背面：启用后，选择子对象将只影响朝向用户的那些对象。

- 按角度：启用时，选择一个多边形会基于复选框右侧的角度设置来选择相邻多边形。该值可以确定要选择的邻近多边形之间的最大角度。该功能仅在多边形子对象层级可用。

- 收缩：通过取消选择最外部的子对象缩小子对象的选择区域。如果不再减少选择区域的大小，则可以取消选择其余的子对象，如图5-5所示。

- 扩大：朝所有可用方向外侧扩展选择区域，如图5-6所示。

图5-5                                               图5-6

- 环形：环形按钮旁边的微调器允许用户在任意方向将选择移动到相同环上的其他边上，即相邻的平行边，如图5-7所示。如果选择了循环，则可以使用该功能选择相邻的循环。循环只适用于边和边界子对象层级。

- 循环：在与所选边对齐的同时，尽可能远地扩展边选定范围。循环选择仅通过四向连接进行传播，如图5-8所示。

图5-7                                               图5-8

- 获取堆栈选择：使用在堆栈中向上传递的子对象选择替换当前选择。然后，可以使用标准方法修改此选择。

"预览选择"选项组：提交到子对象选择之前，该选项允许预览它。根据鼠标的位置，用户可以在当前子对象层级预览，或者自动切换子对象层级。

- 关闭：预览不可用。

- 子对象：仅在当前子对象层级启用预览，如图5-9所示。

- 多个：像子对象一样起作用，根据鼠标的位置，也可在顶点、边和多边形子对象层级级别之间自动变换。

- 选定0个对象：选择卷展栏底部是一个文本显示，提供有关当前选择的信息。如果没有子对象选中，或者选中了多个子对象，那么该文本给出选择的数目和类型。

图5-9

### 4. "软选择"卷展栏

"软选择"卷展栏是"编辑多边形"修改器中的公共参数卷展栏，无论当前处于何种选择集，都有该卷展栏，如图 5-10 所示。

- 使用软选择：启用该选项后，3ds Max 会将样条线曲线变形应用到所变换的选择周围的未选定子对象上。要产生效果，必须在变换或修改选择之前启用该复选框。
- 边距离：启用该选项后，将软选择限制到指定的面数，该选择在进行选择的区域和软选择的最大范围之间。
- 影响背面：启用该选项后，那些法线方向与选定子对象平均法线方向相反的、取消选择的面就会受到软选择的影响。
- 衰减：用于定义影响区域的距离。它是用当前单位表示的从中心到球体的边的距离。使用越高的衰减设置，就可以实现越平缓的斜坡，具体情况取决于几何体比例。
- 收缩：用于沿着垂直轴提高并降低曲线的顶点。设置区域的相对"突出度"。为负数时，将生成凹陷，而不是点。设置为 0 时，收缩将跨越该轴生成平滑变换。
- 膨胀：用于沿着垂直轴展开和收缩曲线。
- 明暗处理面切换：显示颜色渐变，它与软选择权重相适应。
- 锁定软选择：启用该选项将禁用标准软选择选项，通过锁定标准软选择的一些调节数值选项，避免程序对它进行更改。

图 5-10

"绘制软选择"选项组：可以通过鼠标在视图上指定软选择。绘制软选择可以通过绘制不同权重的不规则形状来表达想要的选择效果。与标准软选择相比而言，绘制软选择可以更灵活地控制软选择图形的范围，让我们不再受固定衰减曲线的限制。

- 绘制：选择该选项后，在视图中拖动鼠标，可在当前对象上绘制软选择。
- 模糊：绘制以软化现有绘制的软选择的轮廓。
- 复原：选择该选项后，在视图中拖动鼠标，可复原当前的软选择。
- 选择值：用于设置绘制或复原软选择的最大权重，最大值为 1。
- 笔刷大小：用于设置绘制软选择的笔刷大小。
- 笔刷强度：用于设置绘制软选择的笔刷强度，强度越高，达到完全值的速度越快。
- 笔刷选项：可打开绘制笔刷对话框来自定义笔刷的形状、镜像、压力设置等相关属性。

### 5. "编辑几何体"卷展栏

"编辑几何体"卷展栏是"编辑多边形"修改器中的公共参数卷展栏，无论当前处于何种选择集，都有该卷展栏。该卷展栏在调整模型时使用最多，如图 5-11 所示。

- 重复上一个：重复最近一个使用的命令。

"约束"选项组：可以使用现有的几何体约束子对象的变换。

- 无：没有约束。这是默认选项。
- 边：约束子对象到边界的变换。
- 面：约束子对象到单个曲面的变换。
- 法线：约束每个子对象到其法线（或法线平均）的变换。
- 保持 UV：勾选该选项可以编辑子对象，而不影响对象的 UV 贴图。
- 创建：创建新的几何体。
- 塌陷：通过将其顶点与选择中心的顶点焊接，使连续选定子对象的组产生塌陷，如图 5-12 所示。

图 5-11

- 附加：用于将场景中的其他对象附加到选定的多边形对象中。单击▢（附加列表）按钮，在弹出的对话框中可以选择一个或多个对象进行附加。

- 分离：将选定的子对象和附加到子对象的多边形作为单独的对象或元素进行分离。单击▢（设置）按钮，打开分离对话框，使用该对话框可设置多个选项。

图 5-12

- 切片平面：为切片平面创建"Gizmo"，可以定位和旋转它，来指定切片位置。同时启用切片和重置平面按钮，单击切片可在平面与几何体相交的位置创建新边。

- 分割：启用时，通过快速切片和分割操作，可以在划分边的位置处的点创建两个顶点集。

- 切片：在切片平面位置处执行切片操作。只有启用切片平面时，才能使用该选项。

- 重置平面：将切片平面恢复到其默认位置和方向。只有启用切片平面时，才能使用该选项。

- 快速切片：可以将对象快速切片，而不操纵"Gizmo"。方法：首先进行选择，并单击快速切片，然后在切片的起点处单击一次，在其终点处单击一次。激活命令时，可以继续对选定内容执行切片操作。要停止切片操作，请在视口中单击鼠标右键，或者重新单击快速切片将其关闭。

- 切割：用于创建一个多边形到另一个多边形的边，或在多边形内创建边。方法：首先单击起点，并移动鼠标光标，然后再单击，以便创建新的连接边。右键单击一次退出当前切割操作，然后可以开始新的切割，或者再次右键单击退出切割模式。

- 网格平滑：使用当前设置平滑对象。

- 细化：根据细化设置细分对象中的所有多边形。单击▢（设置）按钮，以便指定平滑的应用方式。

- 平面化：强制所有选定的子对象成为共面。该平面的法线是选择的平均曲面法线。

- X、Y、Z：平面化选定的所有子对象，并使该平面与对象的局部坐标系中的相应平面对齐。例如，使用的平面是与按钮轴相垂直的平面，因此，单击"X"按钮时，可以使该对象与局部 YZ 轴对齐。

- 视图对齐：使对象中所有的顶点与活动视口所在的平面对齐。在子对象层级，此功能只会影响选定顶点或属于选定子对象的那些顶点。

- 栅格对齐：使选定对象中所有的顶点与活动视图所在的平面对齐。在子对象层级，只会对齐选定的子对象。

- 松弛：使用当前的松弛设置将松弛功能应用于当前选择。松弛可以规格化网格空间，方法是朝着邻近对象的平均位置移动每个顶点。单击▢（设置）按钮，以便指定松弛功能的应用方式。

- 隐藏选定对象：隐藏选定的子对象。

- 全部取消隐藏：将隐藏的子对象恢复为可见。

- 隐藏未选定对象：隐藏未选定的子对象。

- 命令选择：用于复制和粘贴对象之间的子对象的命名选择集。

- 复制：打开一个对话框，使用该对话框，可以指定要放置在复制缓冲区中的命名选择集。

- 粘贴：从复制缓冲区中粘贴命名选择。

- 删除孤立顶点：启用时，在删除连续子对象的选择时删除孤立顶点；禁用时，删除子对象会保留所有顶点。默认设置为启用。

### 6."绘制变形"卷展栏

"绘制变形"卷展栏是"编辑多边形"修改器中的公共参数卷展栏，无论当前处于何种选择集，都有该卷展栏，如图 5-13 所示。

- 推 / 拉：将顶点移入对象曲面内（推）或移出曲面外（拉）。推拉的方向和范围由推 / 拉值设置所决定。
- 松弛：将每个顶点移到由它的邻近顶点平均位置所计算出来的位置上，来规格化顶点之间的距离。使用松弛与松弛修改器相同的方法。
- 复原：通过绘制可以逐渐擦除反转推 / 拉或松弛的效果。仅影响从最近的提交操作开始变形的顶点。如果没有顶点可以复原，复原按钮就不可用。

"推 / 拉方向"选项组：此设置用于指定对顶点的推或拉是根据曲面法线、原始法线或变形法线进行，还是沿着指定轴进行的。

- 原始法线：选择此项后，对顶点的推或拉会使顶点根据它变形之前的法线方向进行移动。重复应用绘制变形总是将每个顶点以它最初移动时的相同方向进行移动的。
- 变形法线：选择此项后，对顶点的推或拉会使顶点根据它现在的法线（即变形后的法线）方向进行移动，也就是说，在变形之后的法线。

图 5-13

- 变换轴 X、Y、Z：选择此项后，对顶点的推或拉会使顶点沿着指定的轴进行移动。
- 推 / 拉值：用于确定单个推 / 拉操作应用的方向和最大范围。正值将顶点拉出对象曲面，而负值将顶点推入曲面。
- 笔刷大小：用于设置圆形笔刷的半径。
- 笔刷强度：用于设置笔刷应用推 / 拉值的速率。低强度值应用效果的速率要比高的强度值来得慢。
- 笔刷选项：单击此按钮以打开绘制选项对话框，在该对话框中可以设置各种笔刷相关的参数。
- 提交：使变形的更改永久化，将它们烘焙到对象几何体中。在使用提交后，就不可以将复原应用到更改上。
- 取消：取消自最初应用绘制变形以来的所有更改，或取消最近提交的操作。

## 7. "编辑顶点"卷展栏

只有将选择集定义为"顶点"时，才会显示"编辑顶点"卷展栏，如图 5-14 所示。

- 移除：删除选中的顶点，并接合起使用这些顶点的多边形，如图 5-15 所示。

图 5-14

图 5-15

- 断开：在与选定顶点相连的每个多边形上，都创建一个新顶点，这可以使多边形的转角相互分开，使它们不再相连于原来的顶点上。如果顶点是孤立的或者只有一个多边形使用，则顶点将不受影响。
- 挤出：可以手动挤出顶点，方法是在视口中直接操作。单击此按钮，然后垂直拖动到任何顶点上，就可以挤出此顶点。挤出顶点时，它会沿法线方向移动，并且创建新的多边形，形成挤出的面，将顶点与对象相连。挤出对象的面的数目，与原来使用挤出顶点的多边形数目相同。单击 （设置）按钮打开挤出顶点助手，以便通过交互式操纵执行挤出。
- 焊接：对焊接助手中指定的公差范围内选定的连续顶点进行合并。所有边都会与产生的单个顶点连接。单击 □（设置）按钮打开焊接顶点助手以便设定焊接阈值。

- 切角：单击此按钮，然后在活动对象中拖动顶点。如果想准确地设置切角，先单击 □（设置）按钮，然后设置切角量值，如图 5-16 所示。如果选定多个顶点，那么它们都会被施加同样的切角。

图 5-16

- 目标焊接：可以选择一个顶点，并将它焊接到相邻目标顶点上，如图 5-17 所示。目标焊接只焊接成对的连续顶点，也就是说，顶点有一条边相连。
- 连接：在选中的顶点对之间创建新的边，如图 5-18 所示。

图 5-17                                                                    图 5-18

- 移除孤立顶点：将不属于任何多边形的所有顶点删除。
- 移除未使用的贴图顶点：某些建模操作会留下未使用的（孤立）贴图顶点，它们会显示在展开的 UVW 编辑器中，但是不能用于贴图。可以使用这一按钮，来自动删除这些贴图顶点。

### 8."编辑边"卷展栏

只有将选择集定义为"边"时，才会显示"编辑边"卷展栏，如图 5-19 所示。

- 插入顶点：用于手动细分可视的边。启用插入顶点后，单击某边即可在该位置处添加顶点。
- 移除：删除选定边并组合使用这些边的多边形。
- 分割：沿着选定边分割网格。对网格中心的单条边应用时，不会起任何作用。影响边末端的顶点必须是单独的，以便能使用该选项。例如，因为边界顶点可以一分为二，所以，可以在与现有的边界相交的单条边上使用该选项。另外，因为共享顶点可以进行分割，所以，可以在栅格或球体的中心处分割两个相邻的边。
- 桥：使用多边形的桥连接对象的边。桥只连接边界边，也就是只在一侧有多边形的边进行操作。创建边循环或剖面时，该工具特别有用。单击 □（设置）按钮打开跨越边助手，以便通过交互式操纵在边对之间添加多边形，如图 5-20 所示。
- 创建图形：选择一条或多条边创建新的曲线。
- 编辑三角剖分：用于修改绘制内边或对角线时多边形细分为三角形的方式。

- 旋转：用于通过单击对角线修改多边形细分为三角形的方式。激活旋转时，对角线可以在线框和边面视图中显示为虚线。在旋转模式下，单击对角线可更改其位置。需要退出旋转模式，请在视口中单击鼠标右键或再次单击旋转按钮。

图 5-19

图 5-20

### 9."编辑边界"卷展栏

只有将选择集定义为"边界"时，才会显示"编辑边界"卷展栏，如图 5-21 所示。

- 封口：使用单个多边形封住整个边界环，如图 5-22 所示。
- 创建图形：选择边界创建新的曲线。
- 编辑三角剖面：用于修改绘制内边或对角线时多边形细分为三角形的方式。
- 旋转：用于通过单击对角线修改多边形细分为三角形的方式。

图 5-21

图 5-22

### 10."编辑多边形"卷展栏

只有将选择集定义为"多边形"时，才会显示"编辑多边形"卷展栏，如图 5-23 所示。

- 轮廓：用于增大或减小每组连续选定多边形的外边，单击□（设置）按钮打开多边形加轮廓助手，以便通过数值设置施加轮廓操作，如图 5-24 所示。

图 5-23

图 5-24

- 倒角：通过直接在视口中操纵执行手动倒角操作。单击 ▣（设置）按钮打开倒角助手，以便通过交互式操作执行倒角处理，如图 5-25 所示。
- 插入：执行没有高度的倒角操作，如图 5-26 所示，即在选定多边形的平面内执行该操作。单击"插入"按钮，然后垂直拖动任何多边形，以便将其插入。单击 ▣（设置）按钮打开插入助手，以便通过交互式操作插入多边形。

图 5-25 图 5-26

- 翻转：反转选定多边形的法线方向。
- 从边旋转：通过在视口中直接操纵执行手动旋转操作。单击 ▣（设置）按钮打开从边旋转助手，以便通过交互式操作旋转多边形。
- 沿样条线挤出：沿样条线挤出当前的选定内容。单击 ▣（设置）按钮打开沿样条线挤出助手，以便通过交互式操作沿样条线挤出。
- 编辑三角剖分：可以通过绘制内边修改多边形细分为三角形的方式，如图 5-27 所示。

图 5-27

- 重复三角算法：允许 3ds Max 对多边形或当前选定的多边形自动执行最佳的三角剖分操作。
- 旋转：用于通过单击对角线修改多边形细分为三角形的方式。

### 11. "多边形：材质 ID"卷展栏和"多边形：平滑组"卷展栏

只有将选择集定义为"多边形"时，才会显示"多边形：材质 ID"和"多边形：平滑组"这两个卷展栏，如图 5-28 所示。

- 设置 ID：用于向选定的面片分配特殊的材质 ID 编号，以供多维 / 子对象材质和其他应用使用。
- 选择 ID：选择与相邻 ID 字段中指定的材质 ID 对应的子对象。方法是输入或使用该微调器指定 ID，然后单击选择 ID 按钮。
- 清除选择：启用时，选择新 ID 或材质名称会取消选择以前选定的所有子对象。
- 按平滑组选择：显示说明当前平滑组的对话框。

图 5-28

- 清除全部：从选定片中删除所有的平滑组分配多边形。
- 自动平滑：基于多边形之间的角度设置平滑组。如果任何两个相邻多边形的法线之间的角度小于阈值角度（由该按钮右侧的微调器设置），它们会被包含在同一平滑组中。

 **提示**

"元素"选择集的卷展栏中的相关命令与"多边形"选择集功能相同，这里就不重复介绍了，具体命令参考"多边形"选择集即可。

### 5.1.3　课堂案例——制作螺丝刀

**案例学习目标**

学习使用编辑多边形修改器。

**案例知识要点**

创建圆柱体并为其设置编辑多边形修改器。通过使用编辑多边形的各种工具命令来制作出螺丝刀的效果，结合使用星形和挤出来制作装饰，如图 5-29 所示。

**场景所在位置**

资源包 / 场景 /cha05/ 螺丝刀 .max。

**效果图场景所在位置**

资源包 / 场景 / cha05/ 螺丝刀 ok.max。

**贴图所在位置**

资源包 / 贴图。

图 5-29

制作螺丝刀

**STEP　1** 单击 " （创建）> （几何体）> 圆柱体" 按钮，在 "顶" 视图中创建圆柱体，在 "参数" 卷展栏中设置 "半径" 为 70、"高度" 为 300、"高度分段" 为 4、"端面分段" 为 1、"边数" 为 18，如图 5-30 所示。

**STEP　2** 切换到 （修改）命令面板，为模型施加 "编辑多边形" 修改器，将选择集定义为 "顶点"，在场景中按组缩放顶点，如图 5-31 所示。

**STEP　3** 将选择集定义为 "多边形"，在场景中每隔一个多边形选择一个，在 "编辑多边形" 卷展栏中单击 "插入" 后的 （设置）按钮，在弹出的插入小盒对话框中设置数量为 5，单击 （确定）按钮，如图 5-32 所示。

**STEP　4** 确定当前选择的多边形，在 "编辑多边形" 卷展栏中单击 "挤出" 后的 （设置）按钮，在弹出的挤出小盒中设置挤出高度为 -10，单击 （确定）按钮，如图 5-33 所示。

图 5-30

图 5-31

图 5-32

图 5-33

**STEP** 将选择集定义为"边"，在场景汇总选择挤出后的两圈边，在"编辑边"卷展栏中单击"切角"后的 （设置）按钮，在弹出的切角小盒对话框中设置切角数量为 2.474、分段为 2，单击 （确定）按钮，如图 5-34 所示。

**STEP** 在场景中选择底部的一圈边，在"编辑边"卷展栏中单击"切角"后的 （设置）按钮，在弹出的切角小盒对话框中设置切角数量为 12、分段为 2，单击 （确定）按钮，如图 5-35 所示。

图 5-34

图 5-35

**STEP 07** 关闭选择集，在"修改器列表"中选择"平滑"修改器，在"参数"卷展栏中勾选"自动平滑"选项，如图 5-36 所示。

**STEP 08** 单击"  （创建）>   （图形）> 星形"按钮，在"顶"视图中创建星形。在"参数"卷展栏中设置"半径 1"为 75、"半径 2"为 57.2、"点"为 8、"圆角半径 1"为 15、"圆角半径 2"为 10，如图 5-37 所示。

图 5-36

图 5-37

**STEP 09** 切换到   （修改）命令面板，在"修改器列表"中选择"挤出"修改器，在"参数"

卷展栏中设置"数量"为 20，如图 5-38 所示。

**STEP** **10** 单击"※（创建）> ○（几何体）> 圆柱体"按钮，在"顶"视图中创建"圆柱体"，在"参数"卷展栏中设置"半径"为 18、"高度"为 300、"高度分段"为 4、"端面分段"为 1、"边数"为 18，如图 5-39 所示。

图 5-38

图 5-39

**STEP** **11** 切换到 ○（修改）命令面板，在"修改器列表"中选择"编辑多边形"修改器，将选择集定义为"顶点"，在场景中缩放并调整顶点，如图 5-40 所示。

**STEP** **12** 继续调整顶点，完成螺丝钉的制作，如图 5-41 所示。

图 5-40

图 5-41

# 5.2 网格建模

"编辑网格"修改器与"编辑多边形"修改器中各项命令和参数基本相同,重复的命令和工具可参考"编辑多边形"中各命令和工具的应用。

## 5.2.1 子物体层级

为模型施加"编辑网格"修改器后,在修改器堆栈中可以查看该修改器的子物体层级,如图 5-42 所示。

"编辑网格"子物体层级的具体介绍请参考"编辑多边形"修改器子物体层级,这里就不重复介绍了。

## 5.2.2 公共参数卷展栏

图 5-42

为模型施加"编辑网格"修改器后,在修改器堆栈中可以查看该修改器的子物体层级,如图 5-43 所示。
"选择"卷展栏,如图 5-43 所示,其选项功能介绍如下。

- 忽略可见边:当定义了"多边形"选择集时,该复选框将启用。当"忽略可见边"处于禁用状态(默认情况)时,单击一个面,无论"平面阈值"微调器的设置如何,选择不会超出可见边;当该功能处于启用状态时,面选择将忽略可见边,使用"平面阈值"设置作为指导。

- 平面阈值:用于指定阈值,该值决定对于"多边形"选择集来说哪些面是共面。

- 显示法线:启用该复选框时,3ds Max 会在视口中显示法线。法线显示为蓝线。在"边"模式中显示法线不可用。

- 比例:"显示法线"复选框处于启用状态时,用于指定视口中显示的法线大小。

图 5-43

- 删除孤立顶点:在启用状态下,删除子对象的连续选择时,3ds Max 将消除任何孤立顶点;在禁用状态下,删除选择会完好不动地保留所有的顶点。该功能在"顶点"子对象层级上不可用,默认设置为启用。

- 隐藏:隐藏任何选定的子对象。边不能隐藏。

- 全部取消隐藏:还原任何隐藏对象,使之可见。只有在处于"顶点"子对象层级时才能将隐藏的顶点取消隐藏。

- 命名选择:用于在不同对象之间传递命令选择信息。要求这些对象必须是同一类型的,而且在相同子对象级别。例如,两个可编辑网格对象,在其中一个的顶点子对象级别先进行选择,然后在工具栏中为这个选择集命名,接着单击"复制"按钮,从弹出的选择框中选择刚创建的名称,进入另一个网格对象的顶点子对象级别,单击"粘贴"按钮,刚才复制的选择会粘贴到当前的点子对象级别。

"编辑几何体"卷展栏,如图 5-44 所示,其选项功能介绍如下。

- 删除:删除选择的对象。

- 附加:从名称列表中选择需要合并的对象进行合并,可以一次合并多个对象。

- 断开:为每一个附加到选定顶点的面创建新的顶点,可以移动面,使之互相远离曾经在原始顶点连接起来的地方。如果顶点是孤立的或者只有一个面使用,则顶点将不受影响。

- 改向:将对角面中间的边转向,改为另一种对角方式,从而使三角面的划

图 5-44

分方式改变，通常用于处理不正常的扭曲裂痕效果。

- 挤出：将当前选择集的子对象施加一个厚度，使它突出或凹入表面，厚度值由后面的"数量"值决定。
- 切角：对选择面进行挤出成形。
- 法线：选择"组"单选按钮时，选择的面片将沿着面片组平均法线方向挤出。选择"局部"单选按钮时，面片将沿着自身法线方向挤出。
- 切片平面：一个方形化的平面，可通过移动或旋转，来改变将要剪切对象的位置。单击该按钮后，"切片"选项为关闭状态。
- 切片：单击该按钮后，将切片平面处剪切选择的子对象。
- 切割：通过在边上添加点来细分子对象。单击该按钮后，在需要细分的边上单击，移动鼠标到下一边，依次单击，完成细分。
- 分割：启用时，通过"切片"和"剪切"操作，可以在划分边的位置创建两个顶点集。这使删除新面创建孔洞变得简单，或将新面作为独立元素设置动画。
- 优化端点：选择该复选框时，在相邻的面之间进行平滑过渡。反之，则在相邻面之间产生生硬的边。

焊接选项组：用于顶点之间的焊接操作，这种空间焊接技术比较复杂，要求在三维空间内移动和确定顶点之间的位置，有两种焊接方法。

- 选定项：焊接在焊接阈值微调器（位于按钮的右侧）中指定的公差范围内的选定顶点。所有线段都会与产生的单个顶点连接。
- 目标：在视图中将选择的点（或点集）拖动到焊接的顶点上（或尽量接近），这样会自动进行焊接。
- 细化：单击此按钮，会根据其下的细分方式对选择表面进行分裂复制处理，产生更多的表面，用于平滑需要。
- 边：以选择面的边为依据进行分裂复制。
- 面中心：以选择面的中心为依据进行分裂复制。
- 炸开：单击此按钮，可以将当前选择面爆炸分离（不是产生爆炸效果，只是各自独立），依据两种选项而获得不同的结果。
- 对象：将所有面爆炸为各自独立的新对象。
- 元素：将所有面爆炸为各自独立的新元素，但仍属于对象本身，这是进行元素差分的一个途径。
- 移除孤立顶点：单击此按钮后，将删除所有孤立的点，不管是否选择该点。
- 选择开放边：将选择对象的边缘线。
- 由边创建图形：在选择一个或更多的边后，单击此按钮将以选择的边界为模板创建新的曲线，也就是把选择的边变成曲线独立使用。
- 视图对齐：单击此按钮后，选择的子对象将被放置在同一平面，且这一平面平行于选择视图。
- 栅格对齐：单击此按钮后，选择的子对象将被放置在同一平面，且这一平面平行于视图的栅格平面。
- 平面化：将所有的选择面强制压成一个平面（不是合成，只是同处于一个平面上）。
- 塌陷：将选择的子对象删除，留下一个顶点或四周的面连接，产生新的表面，这种方法不同于删除面，它是将多余的表面吸收掉。

### 5.2.3 子物体层级卷展栏

下面将为大家介绍"编辑网格"修改器中的一些子物体层级的相关卷展栏。

将选择集定义为"顶点"，出现以下卷展栏。

"曲面属性"卷展栏，如图 5-45 所示，其选项功能介绍如下。

- 权重：用于显示并可以更改 NURBS 操作的顶点权重。

编辑顶点颜色选项组：使用这个控件，可以分配颜色、照明颜色（着色）和选定顶点的"透明"值。

- 颜色：单击色样可更改选定顶点的颜色。
- 照明：单击色样可以更改选定顶点的照明颜色。该选项可以更改顶点的照明而不用更改顶点的颜色。
- Alpha：用于向选定的顶点分配 Alpha（透明）值。微调器值是百分比值。0 表示完全透明，100 表示完全不透明。

顶点选择方式选项组：该选项组中的各项命令如下。

- 颜色、照明：这两个单选按钮用于选择一种方式——按照顶点颜色值选择还是按照顶点照明值选择。设置所需的选项并单击选择。

图 5-45

范围：指定颜色匹配的范围。顶点颜色或者照明颜色中所有 3 个 RGB 值必须匹配"顶点选择方式"中"颜色"指定的颜色，或者在一个范围之内，这个范围由显示颜色加上或减去"范围"值决定。默认设置是 10。

选择：选择的所有顶点应该满足条件是这些顶点的颜色值或者照明值要么匹配色样，要么在 RGB 微调器指定的范围内。要满足哪个条件取决于选择哪个单选按钮。

将选择集定义为"边"，出现以下卷展栏。

"曲面属性"卷展栏，如图 5-46 所示，其选项功能介绍如下。

图 5-46

- 可见：使选择的边可见。
- 不可见：使选中的边不可见。
- 自动边：根据共享边的面之间的夹角来确定边的可见性，面之间的角度由该选项右边的阈值微调器设置。
- 设置和清除边可见性：根据阈值设定更改所有选定边的可见性。
- 设置：当边超过了阈值设定时，使原先可见的边变为不可见，但不清除任何边。
- 清除：当边小于阈值设定时，使原先不可见的边可见，不让其他任何边可见。

将选择集定义为"面""多边形"或"元素"时，出现以下卷展栏。

"曲面属性"卷展栏，如图 5-47 所示，其选项功能介绍如下。

- 翻转：反转选定面片的曲面法线的方向。
- 统一：翻转对象的法线，使其指向相同的方向，通常是向外。
- 翻转法线模式：翻转单击的任何面的法线。要退出，请再次单击此按钮，或者右键单击 3ds Max 界面中的任意位置。

图 5-47

# 5.3 NURBS 建模

NURBS 是一种先进的建模方式。通过 NURBS 工具制作的物体模型具有光滑的表面，它常用来制作非常圆滑而且具有复杂表面的物体，如汽车、动物、人物以及其他流线型的物体。在 Maya 和 Rhino 等各种三维软件中，都使用了 NURBS 建模技术，基本原理非常相似。

### 5.3.1　NURBS 曲面

NURBS 的造型系统也包括点、曲线和曲面 3 种元素，其中曲线和曲面又分为标准型和 CV（可控）型两种。

NURBS 曲面包括点曲面和 CV 曲面两种，如图 5-48 所示。

图 5-48

- 点曲面：显示为绿色的点阵列组成的曲面，这些点都依附在曲面上，对控制点进行移动，曲面会随之改变形态。
- CV 曲面：具有控制能力的点组成的曲面，这些点不依附在曲面上，对控制点进行移动，控制点会离开曲面，同时影响曲面的形态。

单击"＊（创建）＞○（几何体）"按钮，单击下拉列表框 标准基本体 ，从中选择"NURBS 曲面"选项，如图 5-49 所示，即可进入 NURBS 曲面的创建命令面板，如图 5-50 所示。NURBS 曲面有两种创建方式。

图 5-49

图 5-50

NURBS 曲面的创建方法与标准几何体中平面的创建方法相同。

单击"点曲面"按钮，在"顶"视图中创建一个点曲面，单击 ☑（修改）按钮，将选择集定义为"点"，如图 5-51 所示。选择曲面上的一个控制点，使用 ✛（选择并移动）工具移动节点位置，曲面会改变形态，但这个节点始终依附在曲面上，如图 5-52 所示。

单击"CV 曲面"按钮，在"顶"视图中创建一个可控点曲面，单击 ☑（修改）按钮，将选择集定义为"曲面 CV"，如图 5-53 所示。选择曲面上的一个控制点，使用 ✛（选择并移动）工具移动节点位置，曲面会改变形态，但节点不依附在曲面上，如图 5-54 所示。

图 5-51

图 5-52

图 5-53

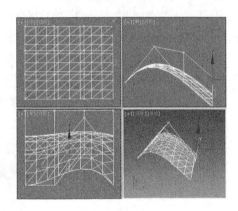

图 5-54

## 5.3.2 NURBS 曲线

NURBS 曲线包括"点曲线"和"CV 曲线"两种，如图 5-55 所示。

图 5-55

- 点曲线：显示为绿色的点弯曲构成的曲线。
- CV 曲线：由可控制点弯曲构成的曲线。

这两种类型的曲线上控制点的性质与前面介绍的 NURBS 曲面上控制点的性质相同。点曲线的控制点都依附在曲线上，CV 曲线的控制点不依附在曲线上，但控制着曲线的形状。

首先单击"　（创建）>　（图形）"按钮，然后单击下拉列表框 样条线 　　　，从中选择"NURBS 曲线"选项，如图 5-56 所示，即可进入 NURBS 曲线的创建命令面板，如图 5-57 所示。

图 5-56  图 5-57

NURBS 曲线的创建方法与二维线型的创建方法相同，但 NURBS 曲线可以直接生成圆滑的曲线。两种类型的 NURBS 曲线上的点对曲线形状的影响方式也是不同的。

首先单击"点曲线"按钮，在"顶"视图中创建一条点曲线，切换到 （修改）命令面板，将选择集定义为"点"，如图 5-58 所示。选择曲线上的一个控制点，使用 （选择并移动）工具移动控制点位置，曲线会改变形态，被选择的控制点始终依附在曲线上，如图 5-59 所示。

图 5-58  图 5-59

然后单击"CV 曲线"按钮，在"顶"视图创建一条控制点曲线，切换到 （修改）命令面板，将选择集定义为"曲线 CV"，如图 5-60 所示。选择曲线上的一个控制点，使用 （选择并移动）工具移动控制点位置，曲线会改变形态，选择的控制点不会依附在曲线上，如图 5-61 所示。

图 5-60  图 5-61

### 5.3.3  NURBS 工具面板

NURBS 系统具有自己独立的参数命令。在视图中创建 NURBS 曲线物体和曲面物体，参数面板中会显示 NURBS 物体的创建参数，用来设置创建的 NURBS 物体的基本参数。创建完成后单击 （修改），在修改命令面板中会显示 NURBS 物体的修改参数，如图 5-62 所示。

"常规"卷展栏用来控制曲面在场景中的整体性，下面对该卷展栏的参数进行介绍。

- 附加：单击该按钮，在视图中单击 NURBS 允许接纳的物体，可以将它接合到当前的 NURBS 造型中，使之成为当前造型的一个次级物体。
- 附加多个：单击该按钮，将弹出一个名称选择对话框，可以通过名称一次选择多个物体，单击 "附加"按钮将所选择的物体合并到 NURBS 造型中。
- 重新定向：选中该复选框，合并或导入的物体的中心将会重新定位到 NURBS 造型的中心。
- 导入：单击该按钮，在视图中单击 NURBS 允许接纳的物体，可以将它转化为 NURBS 造型，并且作为一个导入造型合并到当前 NURBS 造型中。
- 导入多个：单击该按钮，会弹出一个名称选择对话框，其工作方式与"附加多个"相似。

"显示"选项组：用来控制 NURBS 造型在视图中的显示情况。

- 晶格：选中该复选框，将以黄色的线条显示出控制线。
- 曲线：选中该复选框，将显示出曲线。
- 曲面：选中该复选框，将显示出曲面。
- 从属对象：选中该复选框，将显示出从属的子物体。
- 曲面修剪：选中该复选框，将显示出被修剪的表面。若未选中，即使表面已被修剪，仍将在视图中显示出整个表面，而不会显示出剪切的结果。
- 变换降级：选中该复选框，NURBS 曲面会降级显示，在视图里显示为黄色的虚线，以提高显示速度。当未选中时，曲面不降级显示，始终以实体方式显示。

"曲面显示"选项组中的参数只用于显示，不影响建模效果，一般保持系统默认设置即可。

"常规"卷展栏中还包括一个 NURBS 工具面板，工具面板中包含所有 NURBS 操作命令，NURBS 参数中其他卷展栏的命令在工具面板中都可以找到。单击"常规"卷展栏右侧的 NURBS 创建工具箱，弹出工具面板，如图 5-63 所示。

曲面

图 5-62

曲线

图 5-63

NURBS 工具面板包括 3 组命令参数："点"工具命令、"曲线"工具命令和"曲面"工具命令。进行 NURBS 建模主要使用工具面板中的命令完成。后面的章节将对工具面板中常用的命令进行介绍。

### 1. NURBS "点" 工具

"点" 工具中包括 6 种点命令，用于创建各种不同性质的点，如图 5-64 所示。

- △（创建点）：单击该按钮，可以在视图中创建一个独立的曲线点。
- ◈（创建偏移点）：单击该按钮，可以在视图中的任意位置创建点物体的一个偏移点。

图 5-64

- ◈（创建曲线点）：单击该按钮，可以在视图中的任意位置创建曲线物体的一个附属点。
- ◈（创建曲线 – 曲线点）：单击该按钮，可以在两条相交曲线的交点处创建一个点。
- ▦（创建曲面点）：单击该按钮，可以在曲面上创建一个点。
- ◙（创建曲面 – 曲线点）：单击该按钮，可以在曲线平面和曲线的交点位置创建一个点。

### 2. NURBS "曲线" 工具

"曲线" 工具中共有 18 种曲线命令，用来对 NURBS 曲线进行修改编辑，如图 5-65 所示。

- ⌇（创建 CV 曲线）：单击该按钮后，鼠标光标变为╬形状，可以在视图中创建可控点曲线。
- ◈（创建点曲线）：单击该按钮后，鼠标光标变为╬形状，可以在视图中创建点曲线。
- ◈（创建拟合曲线）：单击该按钮后，鼠标光标变为⊕形状，可以在视图中选择已有的节点来创建一条曲线，如图 5-66 所示。

图 5-65

图 5-66

- ⌇（创建变换曲线）：单击该按钮后，将鼠标光标移动到已有的曲线上，光标变为⊕形状，此时按住鼠标左键不放并拖曳，会生成一条相同的曲线，如图 5-67 所示。可以创建多条曲线，单击鼠标右键后结束创建，生成的曲线和已有的曲线是一个整体。

图 5-67

- ⌇（创建混合曲线）：该命令可以将两条曲线首尾相连，连接的部分会延伸原来曲线的曲率。操作时应先利用⌇（创建 CV 曲线）或 ◈（创建点曲线）在视图中创建曲线。单击 ⌇（创建混合曲线）按钮，在视图中依次单击创建的曲线即可完成连接，如图 5-68 所示。

图 5-68

- ⬦（创建偏离曲线）：该命令可以在原来曲线的基础上创建出曲率不同的新曲线。

单击 ⬦（创建偏离曲线）按钮，将光标移到已有的曲线上，光标变为 ⊕ 形状，按住鼠标左键不放并拖曳，即可生成另一条放大或缩小的新曲线，但曲率会有所变化，如图 5-69 所示。

图 5-69

- ⬦（创建镜像曲线）：该命令可以创建出与原曲线呈镜像关系的新曲线。该工具命令类似于工具栏中的镜像复制命令。

单击 ⬦（创建镜像曲线）按钮，将光标移到已有的曲线上，光标变为 ⊕ 形状，按住左键不放并上下拖曳光标，即会产生镜像偏移，在右侧的卷展栏中选择镜像轴，可以选择镜像的方向，也可以手动调整偏移参数，如图 5-70 所示。

图 5-70

- ⬦（创建切角曲线）：该命令可以在两条曲线之间连接一条带直角角度的曲线线段。

操作时应先利用 ⬦（创建 CV 曲线）或 ⬦（创建点曲线）在视图中创建曲线。单击 ⬦（创建切角曲线）按钮，将光标移到曲线上，光标变为 ⊕ 形状，依次单击这两条曲线，会生成一条带直角角度的曲线线段，如图 5-71 所示。

- ⬦（创建圆角曲线）：该命令可以在两条曲线之间连接一条带圆角的曲线线段。
- ⬦（创建曲面 - 曲面相交曲线）：该命令可以在两个曲面相交的部分创建出一条曲线。

图 5-71

在视图中创建两个相交的曲面，利用"附加"工具将两个曲面接合为一个整体，单击 （创建曲面 - 曲面相交曲线）按钮，在视图中依次单击两个曲面，曲面相交的部分会生成一条曲线，如图 5-72 所示，在右侧显示相应的卷展栏，是可设置的修剪参数。

图 5-72

- （创建 U 向等参曲线）：该命令可以在曲面的 U 轴向创建等参数的曲线线段。

单击 （创建 U 向等参曲线）按钮，在视图中的曲面上单击鼠标左键，即可创建出一条 U 轴向的曲线线段，如图 5-73 所示。

图 5-73

- （创建 V 向等参曲线）：该命令可以在曲面的 V 轴向创建等参数的曲线线段。操作方法与 （创建 U 向等参曲线）相同，如图 5-74 所示。

图 5-74

- 　（创建法向投影曲面）：该命令可以将一条曲线垂直映射到一个曲面上，生成一条新的曲线。

分别创建一条曲线和一个曲面，利用"附加"工具将它们接合为一个整体，单击　（创建法向投影曲面）按钮，依次单击曲线和曲面，在曲面上会生成一条新的曲线，如图 5-75 所示。

图 5-75

- 　（创建向量投影曲线）：该命令可以将一条曲线投影到一个曲面上，生成一条新的曲线，投影的方向随视角的变化而改变。操作方法与　（创建法向投影曲面）相同。
- 　（创建曲面上的 CV 曲线）：该工具命令可以在曲面上创建可控点曲线。

单击　（创建曲面上的 CV 曲线）按钮，将光标移到曲面上，光标变为　形状，则可以在曲面上创建一条可控点曲线，如图 5-76 所示。

- 　（创建曲面上的点曲线）：该工具命令可以在曲面上创建点曲线。操作方法与　（创建曲面上的 CV 曲线）相同，如图 5-77 所示。

图 5-76　　　　　　　　　　　　　　　　　图 5-77

- 　（创建曲面偏移曲线）：该命令可以将曲面上的一条曲线偏移复制，复制出一条参数相同的新曲线。

单击　（创建曲面偏移曲线）按钮，将光标移动到曲线上，光标变为　形状，按住鼠标左键不放并拖曳光标，会偏移复制出一条新的曲线，如图 5-78 所示。

图 5-78

- （创建曲面边曲线）：该命令能以 NURBS 物体的边缘创建出一条曲线。

单击 （创建曲面边曲线）按钮，将光标移动到 NURBS 物体上，光标变为 形状，单击鼠标左键，NURBS 物体边缘即会生成一条新的曲线，如图 5-79 所示。

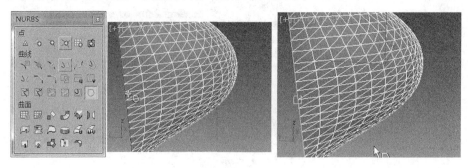

图 5-79

### 3. NURBS 曲面工具

NURBS 曲面工具是 NURBS 建模中经常用到的工具命令，对曲线、曲面的编辑能力非常强大，共有 17 种工具命令，如图 5-80 所示。

- （创建 CV 曲面）：单击该按钮，鼠标光标变为 形状，可在视图中创建可控点曲面，如图 5-81 所示。

图 5-80

- （创建点曲面）：单击该按钮，鼠标光标变为 形状，可在视图中创建点曲面，如图 5-82 所示。

图 5-81

图 5-82

- （创建变换曲面）：该命令可以将指定的曲面在同一水平面上复制出一个新的曲面，得到的曲面与原曲面的参数相同。

单击 （创建变换曲面）按钮，将鼠标光标移到已有的曲面上，光标变为 形状，按住鼠标左键不放并拖曳光标，在合适的位置松开鼠标左键，即可创建出一个新的曲面，如图 5-83 所示。

图 5-83

- （创建混合曲面）：该命令可以使两个曲面混合为一个曲面，连接部分延续原来曲面的曲率。

创建两个曲面，单击 （创建混合曲面）按钮，鼠标光标变为 形状，依次单击两个曲面，即可混合为一个曲面，如图 5-84 所示。操作时，光标应该靠近要连接的边，边会变成蓝色。

图 5-84

- （创建偏移曲面）：该命令可以在原来曲面的基础上创建出曲率不同的新曲面。

单击 （创建偏移曲面）按钮，将鼠标光标移到曲面上，光标变为 形状，按住鼠标左键不放并拖曳光标即会生成新的曲面，松开鼠标左键完成操作，如图 5-85 所示。

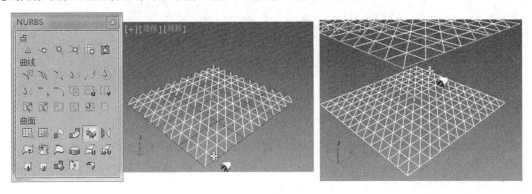

图 5-85

- （创建镜像曲面）：该命令可以创建出与原曲面呈镜像关系的新曲面，与前面介绍的 （创建镜像曲线）相似。

单击 （创建镜像曲面）按钮，将光标移到已有的曲面上，光标变为 形状，按住鼠标左键不放并上下拖曳光标，可以选择镜像的方向，松开鼠标左键结束创建，如图 5-86 所示。在右侧的卷展栏中设置合适的参数。

图 5-86

- （创建挤出曲面）：该命令可以将曲线挤压成曲面。

单击 （创建挤出曲面）按钮，将鼠标光标移到曲线上，光标变为 形状，按住鼠标左键不放并上下拖曳光标，曲线被挤压出高度，松开鼠标左键完成操作，如图 5-87 所示。

图 5-87

- （创建车削曲面）：该命令可以将曲线沿轴心旋转成一个完整的曲面。

单击 （创建车削曲面）按钮，将鼠标光标移到曲线上，光标变为 形状后，单击鼠标左键，曲线发生旋转，如图 5-88 所示。

图 5-88

- （创建规则曲面）：该命令可以在两条曲线之间，根据曲线的形状创建一个曲面。

创建两条曲线，单击 （创建规则曲面）按钮，鼠标光标变为 形状，依次单击两条曲线，在两条曲线之间生成一个曲面，如图 5-89 所示。

图 5-89

- （创建封口曲面）：该命令可以将一个未封顶的曲面物体加盖封顶。

单击 （创建封口曲面）按钮，将鼠标光标移到曲面物体上，光标变为 形状，单击曲面物体即可，如图 5-90 所示。

- （创建 U 向放样曲面）：该命令可以将一组曲线作为放样截面，生成一个新的曲面。

创建一组曲线，单击 （创建 U 向放样曲面）按钮后，将鼠标光标移到起始曲线上，光标变为 形状，依次单击这组曲线，即可生成一个曲面，如图 5-91 所示。

图 5-90

图 5-91

-  （创建 UV 放样曲面）：该命令可以将两个方向上的曲线作为放样截面，生成一个新的曲面。

创建几条不同方向上的曲线，单击  （创建 UV 放样曲面）按钮，将鼠标光标移到竖向的第一条曲线上，光标变为⁺形状，连续单击同方向的曲线后，单击鼠标右键，再连续单击横向的曲线，最后单击鼠标右键结束，生成一个新的曲面，如图 5-92 所示。

图 5-92

- 　（创建单轨扫描）：该命令与放样命令相同，创建两条曲线分别作为路径和截面，从而生成一个曲面。

创建两条曲线，单击 　（创建单轨扫描）按钮，将鼠标光标移到一条曲线上，光标变为⁺形状，依次单击两条曲线，即可生成一个曲面，如图 5-93 所示。

- 　（创建双轨扫描）：与 　（创建单轨扫描）原理相似，但需要 3 条曲线，一条作为截面，另两条作为曲面两侧的路径，从而生成一个曲面。

创建 3 条曲线，单击 　（创建双轨扫描）按钮，将鼠标光标移到右侧的路径上，光标变为⁺形状，在路径上第一个路径（右侧的图形）上单击，再单击第二个路径（左侧的图形），然后再单击作为截面（中间下方的图形）的曲线，单击右键结束创建，即可生成曲面，如图 5-94 所示。

图 5-93

图 5-94

- （创建多边混合曲面）：该命令用来在 3 个以上的曲面间建立平滑的混合曲面。

先创建 3 个曲面，使用 （创建混合曲面）工具命令将 3 个曲面连接起来，会发现 3 个曲面间有一个空洞，单击 （创建多边混合曲面）按钮，将鼠标光标移到连接的曲面上，光标变为 形状，依次单击 3 个连接曲面，即可生成多重混合曲面，如图 5-95 所示。

图 5-95

- （创建多重曲线修剪曲面）：该命令可以在依附有曲线的曲面上进行剪切，从而生成新的曲面。
- （创建圆角曲面）：该命令用于在两个相交的曲面之间创建出一个圆滑的曲面。

### 5.3.4 课堂案例——制作花瓶

案例学习目标

学习使用点曲线并使用 NURBS 工具箱。

创建点曲线，并设置曲线的曲线偏离和车削以及混合曲线来制作出花瓶的效果，如图 5-96 所示。

资源包 / 场景 /cha05/ 花瓶 .max。

资源包 / 场景 / cha05/ 花瓶 ok.max。

资源包 / 贴图。

制作花瓶

图 5-96

**STEP** **1** 单击 " (创建) > (图形) > NURBS 曲线 > 点曲线"按钮，在"前"视图中创建点曲线，如图 5-97 所示。

**STEP** **2** 切换到 (修改) 命令面板，在"NURBS"工具箱中单击使用 (创建偏离曲线) 工具，在场景中单击选中点曲线，并拖动鼠标，创建偏移曲线，如图 5-98 所示。

图 5-97

图 5-98

**STEP** **3** 在"NURBS"工具箱中单击使用 (创建车削曲面) 工具，依次单击内侧和外侧的曲线，如图 5-99 所示。

**STEP** **4** 创建出花瓶的基本形状后，单击 (创建混合曲面) 工具，在场景中依次单击车削出的内侧和外侧的模型顶端截面，如图 5-100 所示。

图 5-99                          图 5-100

**STEP** 🔲**5** 创建混合曲面后在"混合曲面"卷展栏中勾选"翻转末端 1"和"翻转切线 1"选项，如图 5-101 所示。

**STEP** 🔲**6** 创建花瓶，复制花瓶模型，切换到 🔲（修改）命令面板，将选择集定义为"点"，在场景中调整点，完成另一个花瓶模型，如图 5-102 所示。

图 5-101                          图 5-102

# 5.4 面片建模

　　面片建模是一种表面建模方式，即通过面片栅格制作表面并对其进行任意修改而完成模型的创建工作。在 3ds Max 2014 中创建面片的种类有两种：四边形面片和三角形面片。这两种面片的不同之处是它们的组成单元不同，前者为四边形，后者为三角形。

　　3ds Max 2014 提供了两种创建面片的途径，在创建面板的"面片栅格"子面板中的"对象类型"卷展栏中选择面片的类型，如图 5-103 所示。选择面片类型，在场景中创建面片，如图 5-104 所示。

图 5-103                          图 5-104

创建面片后切换到 （修改）命令面板，在"修改器列表"中选择"编辑面片"修改器，如图 5-105 所示，对面片进行修改。或使用鼠标右击面片，在弹出的快捷菜单中选择"转换为 > 转换为可编辑面 片"命令，如图 5-106 所示。

图 5-105　　　　　　　　　　　　　　　　　　图 5-106

## 5.4.1　子物体层级

"编辑面片"提供了各种控件，不仅可以将对象作为面片对象进行操纵，而且可以在下面 5 个子对象层级进行操纵，它们是"顶点""边""面片""元素"和"控制柄"，如图 5-107 所示。

- 顶点：用于选择面片对象中的顶点控制点及其向量控制柄。向量控制柄显示为围绕选定顶点的小型绿色方框，如图 5-108 所示。
- 边：用于选择面片对象的边界边。
- 面片：用于选择整个面片。
- 元素：选择和编辑整个元素。元素的面是连续的。
- 控制柄：用于选择与每个顶点关联的向量控制柄。位于该层级时，可以对控制柄进行操纵，而无须对顶点进行处理，如图 5-109 所示。

图 5-107

图 5-108

图 5-109

### 5.4.2　公共参数卷展栏

下面来介绍公共卷展栏中的各种命令和工具的应用。

"选择"卷展栏中的选项功能介绍如下，见图 5-110。

- 命名选择：这些功能可以与命名的子对象选择集结合使用。
- 复制：将选择的命名子对象置于复制缓冲区。单击该按钮，从弹出的"复制命名选择"对话框中选择命名的子对象选择。
- 粘贴：从复制缓冲区中粘贴选择的命名的子对象。
- 过滤器：这两个复选框只能在"顶点"子对象层级使用。
- 顶点：启用该复选框时，可以选择和移动顶点。
- 向量：启用该复选框时，可以选择和移动向量。

图 5-110

- 锁定控制柄：只能影响角点顶点。将切线向量锁定在一起，以便于在移动一个向量时，其他向量会随之移动。只有在"顶点"子对象层级时，才能使用该复选框。
- 按顶点：单击某个顶点时，将会选择使用该顶点的所有控制柄、边或面片，具体情况视当前的子对象层级而定。只有处于"控制柄""边"和"面片"子对象层级时，才能使用该复选框。
- 选择开放边：选择只由一个面片使用的所有边。只在"边"子对象层级下才可以使用。

"几何体"卷展栏中的选项功能介绍如下，见图 5-111。

细分：仅限于顶点、边、面片和元素层级。

- 细分：细分所选子对象。
- 传播：启用该复选框时，将细分伸展到相邻面片。如果沿着所有连续的面片传播细分，连接面片时，可以防止面片断裂。
- 绑定：用于在两个顶点数不同的面片之间创建无缝无间距的连接。这两个面片必须属于同一个对象，因此，不需要先选择该顶点。方法是单击"绑定"按钮，然后拖动一条从基于边的顶点（不是角顶点）到要绑定的边的直线。此时，如果光标在合法的边上，将会转变成白色的十字形状。
- 取消绑定：断开通过"绑定"连接到面片的顶点。方法是选择该顶点，然后单击"取消绑定"按钮。

图 5-111

- 添加三角形、添加四边形：仅限于"边"层级。用户可以为某个对象的任何开放边添加三角形和四边形。如在球体等的闭合对象上，可以删除一个或者多个现有面片以创建开放边，然后添加新面片，如图 5-112 所示。

图 5-112

- 创建：在现有的几何体或自由空间中创建三边或四边面片。仅限于"顶点""面片"和"元素"
  子对象层级可用。

- 分离：用于选择当前对象内的一个或多个面片，然后使其分离（或复制面片），形成单独的面片对象。

- 重定向：启用该复选框时，分离的面片或元素复制原对象创建局部坐标系的位置和方向（当创
  建源对象时）。

- 复制：启用该复选框时，分离的面片将会复制到新的面片对象上，从而使原来的面片保持完好。

- 附加：用于将对象附加到当前选定的面片对象。

- 重定向：启用该复选框时，重定向附加元素，使每个面片的创建局部坐标系与选定面片的创建
  局部坐标系对齐。

- 删除：删除所选子对象。删除顶点和边时要谨慎，因为删除顶点和边的同时也删除了共享顶点
  和边的面片。例如，如果删除球体面片顶部的单个顶点，还会删除顶部的 4 个面片。

- 断开：对于顶点来说，是将一个顶点分裂成多个顶点。

- 隐藏：隐藏所选子对象。

- 全部取消隐藏：还原任何隐藏子对象，使之可见。

焊接：仅限于"顶点"和"边"层级。

- 选定：焊接阈值微调器指定的公差范围内的选定顶点。方法是选择要在两个不同面片之间焊接
  的顶点，然后将该微调器设置有足够的距离，并单击"选定"按钮。

- 目标：单击该按钮后，从一个顶点拖动到另外一个顶点，以便将这些顶点焊接在一起。

挤出和倒角：使用这些控件，可以对边、面片或元素执行挤出和倒角操作。

- 挤出：单击此按钮，然后拖动任何边、面片或元素，以便对其进行交互式地挤出操作。执行
  "挤出"操作时按住 Shift 键，以便创建新的元素。

- 倒角：单击该按钮，然后拖动任意一个面片或元素，对其执行交互式的挤出操作，再单击并释
  放按钮，然后重新拖动，对挤出元素执行倒角操作。

- 挤出：使用该微调器，可以向内或向外设置挤出。

- 轮廓：使用该微调器，可以放大或缩小选定的面片或元素。

- 法线：如果"法线"设置为"局部"，则沿选定元素中的边、面片或单独面片的各个法线执行挤
  出。如果法线设置为"组"，则沿着选定的连续组的平均法线执行挤出。

- 倒角平滑：使用这些设置，可以在通过倒角创建的曲面和邻近面片之间设置相交的形状，这些
  形状是由相交时顶点的控制柄配置决定的。"开始"是指边和倒角面片周围的面片的相交；"结
  束"是指边和倒角面片或面片的相交。

- 平滑：对顶点控制柄进行设置，使新面片和邻近面片之间的角度相对小一些。

- 线性：对顶点控制柄进行设置，以便创建线性变换。

- 无：不修改顶点控制柄。

切线：使用这些控件，可以在同一个对象的控制柄之间，或在应用相同"编辑面片"修改器距离的
不同对象上复制方向或有选择地复制长度。该工具不支持将一个面片对象的控制柄复制到另外一个面片
对象上，也不支持在样条线和面片对象之间进行复制。

- 复制：将面片控制柄的变换设置复制到复制缓冲区。

- 粘贴：将方向信息从复制缓冲区粘贴到顶点控制柄。

- 粘贴长度：如果启用该复选框，并且使用"复制"功能，则控制柄的长度也将被复制。如果启
  用该复选框，并且使用"粘贴"功能，则将复制最初复制的控制柄的长度及其方向。

样条线曲面：应用"编辑面片"修改器的对象由样条线组成时，该组变为可用。

- 生成曲面：现有样条线创建面片曲面可以定义面片边。默认设置为启用。
- 阈值：确定用于焊接样条线对象顶点的总距离。
- 翻转法线：反转面片曲面的朝向。默认设置为禁用状态。
- 移除内部面片：移除通常看不见的对象的内部面片。
- 仅使用选定分段：通过"曲面"修改器，仅使用在"编辑样条线"修改器或者可编辑样条线对象中选定的分段创建面片。默认设置为禁用状态。
- 视图步数：控制面片模型曲面的栅格分辨率，如视口中所述。
- 渲染步数：渲染时控制面片模型曲面的栅格分辨率。
- 显示内部边：使面片对象的内部边可以在线框视图内显示。
- 使用真面片法线：决定 3ds Max 平滑面片之间边的方式。默认设置为禁用状态。
- 创建图形：创建基于选定边的样条线。仅限于"边"层级。
- 面片平滑：在子对象层级，调整所选子对象顶点的切线控制柄，以便对面片对象的曲面执行平滑操作。

"曲面属性"卷展栏中的选项功能介绍如下，见图 5-113。

松弛网格：从中设置松弛参数。其中与"松弛"修改器相类似。

- 松弛：选择该复选框，则启用"松弛"。
- 松弛视口：启用该复选框，可以在视口中显示松弛效果。
- 松弛值：控制移动每个迭代次数的顶点程度。
- 迭代次数：设置重复此过程的次数。对每次迭代来说，需要重新计算平均位置，重新将"松弛值"应用到每一个顶点。

图 5-113

- 保持边界点固定：控制是否移动打开网格边上的顶点。默认设置为启用。
- 保留外部角：将顶点的原始位置保持为距对象中心的最远距离。选择子对象层级后，相应的面板和命令按钮将被激活，这些命令和面板与前面介绍的命令相同，下面就不重复介绍了。

### 5.4.3 "曲面"修改器

"曲面"修改器基于样条线网络的轮廓生成面片曲面，会在三面体或四面体的交织样条线分段的任何地方创建面片，如图 5-114 所示。

图 5-114

使用"曲面"工具进行建模所做的大量工作主要是在"可编辑样条线"修改器或"编辑样条线"修改器中创建和编辑样条线。使用样条线和"曲面"修改器来建模的一个好处是易于编辑模型。

### 5.4.4 课堂案例——制作海星

 案例学习目标

学习编辑样条线修改器和曲面修改器。

制作海星

图 5-115

**STEP 01** 单击" **·** （创建）> **·** （图形）> 星形"按钮，在"顶"视图中创建星形，在"参数"卷展栏中设置"半径 1"为 40、"半径 2"为 8、"点"为 5、"圆角半径 1"为 20、"圆角半径 2"为 3，如图 5-116 所示。

**STEP 02** 为星形施加"编辑样条线"修改器，将选择集定义为"样条线"，在"几何体"卷展栏中勾选"连接复制"选项中的"连接"选项，在"前"视图中使用移动工具按住 Shift 键，移动复制样条线，如图 5-117 所示。

图 5-116

图 5-117

**STEP 03** 在"几何体"卷展栏中取消"连接复制"选项中的"连接"的勾选，在"软选择"卷展栏中勾选"使用软选择"选项，设置"衰减"为 0，如图 5-118 所示。

**STEP** 14 在"顶"视图中缩放复制出的样条线，如图 5-119 所示。

图 5-118                                    图 5-119

**STEP** 15 将选择集定义为"顶点"，按【Ctrl+A】快捷键，全选顶点，鼠标右击顶点，在弹出的快捷菜单中选择"平滑"命令，如图 5-120 所示。

**STEP** 16 继续鼠标右击顶点，将顶点类型定义为"Bezier"，如图 5-121 所示。

图 5-120                                    图 5-121

**STEP** 17 在"左"视图中调整控制手柄，如图 5-122 所示。

**STEP** 18 取消"使用软选择"选项的勾选，再勾选"连接复制"选项中的"连接"选项缩放复制样条线，如图 5-123 所示。

**STEP** 19 取消"连接复制"选项中的"连接"选项的勾选，勾选"使用软选择"。鼠标右击 （选择并均匀缩放）按钮，在弹出的对话框中设置"偏移：屏幕"为 0，如图 5-124 所示。

**STEP** 10 为样条线施加"曲面"修改器，设置合适的参数，如图 5-125 所示。

**STEP** 11 为模型施加"编辑面片"修改器，将选择集定义为"顶点"，在场景中调整顶点的控制点，可以改变模型的形状，如图 5-126 所示。

图 5-122

图 5-123

图 5-124

图 5-125

图 5-126

# 5.5 课堂练习——制作足球

## + 练习知识要点

创建异面体，并设置编辑网格修改器，通过炸开多边形，并设置编辑多边形的挤出，最后设置模型的平滑，完成足球模型的制作，如图 5-127 所示。

## + 场景所在位置

资源包 / 场景 /cha05/ 足球 .max。

图 5-127

制作足球

# 5.6 课后习题——制作淋水盆

## + 习题知识要点

创建球体，设置编辑多边形的删除并设置多边形的挤出，调整顶点，设置模型的平滑，完成淋水盆的制作，如图 5-128 所示。

## + 场景所在位置

资源包 / 场景 /cha05/ 淋水盆 .max。

图 5-128

制作淋水盆

6

# 第6章
# 复合对象的创建

　　本章将介绍复合对象的创建方法，在本章中我们将主要介绍布尔运算和放样变形命令的使用。读者通过学习本章内容，要了解并掌握使用两种复合对象创建工具制作模型的方法和技巧。通过本章的学习，希望读者可以融会贯通，掌握复合对象的创建技巧，制作出具有想象力的图像效果。

## 课堂学习目标

● 熟练掌握布尔运算建模

● 熟练掌握放样命令建模

# 6.1 复合对象创建工具简介

复合物体就是将两个或以上的物体组合而成的一个新物体。本章学习使用复合物体的创建工具，主要包括变形、散布、一致、连接、水滴网格、图形合并、布尔、地形、放样、网格化、ProBoolean、ProCutter。

3ds Max 2014 的基本内置模型是创建复合物体的基础，可以将多个内置模型组合在一起，从而产生出千变万化的模型。布尔运算工具和放样工具曾经是 3ds Max 的主要建模手段。虽然这两个建模工具已渐渐退出主要地位，但仍然是快速创建一些相对复杂物体模型的好方法。

在创建命令面板中单击下拉列表框，从中选择"复合对象"选项，如图 6-1 所示，进入复合对象的创建面板。3ds Max 2014 提供了 12 种复合对象的创建工具，如图 6-2 所示。

图 6-1

图 6-2

- 变形：是一种与 2D 动画中的中间动画类似的动画技术。"变形"对象可以合并两个或多个对象，方法是插补第一个对象的顶点，使其与另外一个对象的顶点位置相符。如果随时执行这项插补操作，将会生成变形动画。
- 散布：复合对象的一种形式，将所选的源对象散布为阵列，或散布到分布对象的表面，通过它可以制作头发、胡须和草地等物体。
- 一致：一种复合对象，通过将"包裹器"的顶点投影至另一个对象"包裹器对象"的表面而创建，可以制作公路。
- 连接：使用连接复合对象，可通过对象表面的"洞"连接两个或多个对象。要执行此操作，需要删除每个对象的面，在其表面创建一个或多个洞，并确定洞的位置，以使洞与洞之间面对面，然后应用"连接"。
- 水滴网格："水滴网格"复合对象可以通过几何体或粒子创建一组球体，还可以将球体连接起来，就好像这些球体是由柔软的液态物质构成的一样。如果球体在另外一个球体的一定范围内移动，它们就会连接在一起。如果这些球体相互移开，将会重新显示球体的形状。
- 图形合并：使用"图形合并"可以创建包含网格对象和一个或多个图形的复合对象。这些图形嵌入在网格中（将更改边与面的模式），或从网格中消失。
- 布尔："布尔"对象是通过对两个对象执行布尔运算将它们组合起来。在 3ds Max 中，布尔型对象是由两个重叠对象生成的。原始的两个对象是操作对象（A 和 B），而布尔型对象自身是运算的结果。

- 地形：要创建地形，可以选择表示海拔轮廓的可编辑样条线，然后对样条线施加"地形"工具，用于建立地形物体。

- 放样：放样对象是沿着第三个轴挤出的二维图形。从两个或多个现有样条线对象中创建放样对象。这些样条线中的一个会作为路径，其余的样条线会作为放样对象的横截面或图形。

- 网格化："网格化"复合对象以每帧为基准将程序对象转化为网格对象，这样可以应用修改器，如弯曲或 UVW 贴图。它可用于任何类型的对象，但主要是为使用粒子系统而设计的。"网格化"对于复杂修改器堆栈的低空实例化对象同样有用。

- ProBoolean：ProBoolean 复合对象在执行布尔运算之前，它采用了 3ds Max 网格并增加了额外的功能。首先它组合了拓扑，然后确定共面三角形并移除附带的边。接着，不是在这些三角形上而是在 N 多边形上执行布尔运算。完成布尔运算之后，对结果执行重复三角算法，最后在共面的边隐藏的情况下将结果发送回 3ds Max 中。这样额外工作的结果有双重意义。布尔对象的可靠性非常高；因为有更少的小边和三角形，因此结果输出更清晰。

- ProCutter：ProCutter 复合对象能够使用户执行特殊的布尔运算，主要目的是分裂或细分体积。ProCutter 运算的结果尤其适合在动态模拟中使用，在动态模拟中，使对象炸开，或由于外力或另一个对象使对象破碎。

## 6.2 布尔运算建模

### 6.2.1 布尔工具

系统提供了 3 种布尔运算方式：并集、交集和差集。其中，差集包括 A−B 和 B−A 两种方式。下面举例介绍布尔运算的基本用法，操作步骤如下。

**STEP 01** 首先场景中必须创建有原始对象和操作对象，如图 6-3 所示。

**STEP 02** 选择长方体模型，单击 " ▣ （创建）> ◯ （几何体）> 复合对象 > 布尔" 按钮，在"拾取布尔"卷展栏中单击"拾取操作对象 B"按钮，在场景中拾取球体，如图 6-4 所示。

图 6-3

图 6-4

"拾取布尔"卷展栏中的选项功能介绍如下，如图 6-5 所示。

- 拾取操作对象 B：此按钮用于选择完成布尔操作的第 2 个对象。

"操作对象"组参数如下。

- 操作对象列表：显示当前的操作对象。

- 名称：编辑此字段更改操作对象的名称。在"操作对象"列表框中选择一个操作对象，该操作对象的名称同时也将显示在"名称"框中。
- 提取操作对象：用于提取选中的操作对象的副本或实例。在列表框中选择一个操作对象即可启用此按钮。

"操作"组：用于在该选项组中选择运算方式。

- 并集：布尔对象包含两个原始对象的体积，但将移除几何体的相交部分或重叠部分。
- 交集：布尔对象只包含两个原始对象公用的体积（即重叠的位置）。
- 差集（A-B）：从操作对象 A 中减去相交的操作对象 B 的体积。布尔对象包含从中减去相交体积的操作对象 A 的体积。
- 差集（B-A）：从操作对象 B 中减去相交的操作对象 A 的体积。布尔对象包含从中减去相交体积的操作对象 B 的体积。
- 切割：使用操作对象 B 切割操作对象 A，但不给操作对象 B 的网格添加任何东西。
- 优化：操作对象 B 与操作对象 A 面的相交之处，在操作对象 A 上添加新的顶点和边。

图 6-5

- 分割：类似于"优化"，不过此种剪切还沿着操作对象 B 剪切操作对象 A 的边界，添加第 2 组顶点和边或两组顶点和边。
- 移除内部：删除位于操作对象 B 内部的操作对象 A 的所有面。
- 移除外部：删除位于操作对象 B 外部的操作对象 A 的所有面。

通过改变不同的运算类型，可以生成不同的形体，如图 6-6 所示。

| 并集 | 交集 | 差集（A-B） | 差集（B-A） |

| 切割（优化） | 切割（分割） | 切割（移除内部） | 切割（移除外部） |

图 6-6

## 6.2.2 ProBoolean

ProBoolean 是高级布尔工具，它比普通的"布尔"工具制作的模型更加细腻一些。操作方法与"布尔"工具相同。

这里主要介绍一下"高级选项"卷展栏，其他参数可以参考"布尔"工具中的介绍。

"高级选项"卷展栏中的选项功能介绍如下，如图 6-7 所示。

"更新"组：这些选项用于确定在进行更改后，何时在布尔对象上执行更新。

- 始终：只要用户更改了布尔对象，就会进行更新。
- 手动：仅在单击"更新"按钮后进行更新。
- 仅限选定时：不论何时，只要选定了布尔对象，就会进行更新。
- 仅限渲染时：仅在渲染或单击"更新"按钮时才将更新应用于布尔对象。
- 更新：对布尔对象应用更改。

消减 %：从布尔对象中的多边形上移除边，从而减少多边形数目的边百分比。

图 6-7

 **提 示**

当启用"设为四边形"复选框后，对"消减 %"设置没有影响。"设为四边形"可以使用四边形网格算法重设平面曲面的网格。将该功能与"网格平滑""涡轮平滑"和"可编辑多边形"中的细分曲面工具结合使用可以产生动态效果。

"四边形镶嵌"组：用于启用布尔对象的四边形镶嵌。

- 设为四边形：启用该复选框时，会将布尔对象的镶嵌从三角形改为四边形。
- 四边形大小 %：确定四边形的大小作为总体布尔对象长度的百分比。

"移除平面上的边"组：用于确定如何处理平面上的多边形。

- 全部移除：移除一个面上所有其他共面的边，这样该面本身将定义多边形。
- 只移除不可见：移除每个面上不可见边。
- 不移除边：不移除边。

### 6.2.3　课堂案例——制作插座

 **案例学习目标**

学习使用 ProBoolean 工具。

 **案例知识要点**

创建矩形，设置矩形的倒角效果，通过设置编辑多边形来完善底座模型；创建矩形和圆并为其设置挤出，并结合使用球体来作为布尔对象，使用 ProBoolean 工具布尔掉模型，制作出插座的插口，完成插座如图 6-8 所示。

 **场景所在位置**

资源包 / 场景 /cha06/ 插座 .max。

 **效果图场景所在位置**

资源包 / 场景 /cha06/ 插座 ok.max。

 **贴图所在位置**

资源包 / 贴图。

图6-8

制作插座

**STEP 1** 单击"（创建）>（图形）> 矩形"按钮，在"前"视图中创建矩形，在"参数"卷展栏中设置"长度"为150、"宽度"为150、"角半径"为15，如图6-9所示。

**STEP 2** 切换到（修改）命令面板，在"修改器列表"中选择"倒角"修改器，在"倒角值"卷展栏中设置"级别1"的"高度"为15、"轮廓"为 -8，如图6-10所示。

图6-9

图6-10

**STEP 3** 为模型施加"编辑多边形"修改器，将选择集定义为"边"，在场景中选择如图6-11所示的边。

**STEP 4** 在"编辑边"卷展栏中单击"切角"后的（设置）按钮，在弹出的设置小盒中设置切角数量为1.5、"分段"为2，如图6-12所示。

图6-11

图6-12

**STEP 5** 单击"（创建）>（图形）> 矩形"按钮，在"前"视图中创建矩形，在"参数"卷展栏中设置"长度"为 110、"宽度"为 110、"角半径"为 5，如图 6-13 所示。

**STEP 6** 在场景中调整矩形的位置，切换到（修改）命令面板，在"渲染"卷展栏中勾选"在渲染中启用"和"在视口中启用"选项，设置"厚度"为 2，如图 6-14 所示。

图 6-13

图 6-14

**STEP 7** 为可渲染的矩形施加"编辑多边形"修改器，因为我们在后面将对其进行布尔操作，而布尔操作的对象必须是网格，所以必须将可渲染的图形转换为网格，如图 6-15 所示。

**STEP 8** 单击"（创建）>（图形）> 矩形"按钮，在"前"视图中创建矩形，在"参数"卷展栏中设置"长度"为 13、"宽度"为 4，如图 6-16 所示。

图 6-15

图 6-16

**STEP 9** 单击"（创建）>（图形）> 圆"按钮，在"前"视图中创建圆，在"参数"卷展栏中设置"半径"为 5.55，如图 6-17 所示。

**STEP 10** 在场景中对矩形和圆进行复制，如图 6-18 所示。

图 6-17

图 6-18

**STEP** 🔲11🔲 在场景中选择矩形和圆，并为其施加"挤出"修改器，设置"数量"为 15，如图 6-19 所示。

**STEP** 🔲12🔲 单击"（创建）✳ >（几何体）⭕ > 球体"按钮，在"前"视图中创建球体，在"参数"卷展栏中设置"半径"为 10，如图 6-20 所示。

**STEP** 🔲13🔲 在场景中选择作为底座的矩形，单击"（创建）✳ >（几何体）⭕ > 复合对象 > ProBoolean"按钮，在"拾取布尔对象"卷展栏中单击"开始拾取"按钮，拾取场景中的布尔对象模型，如图 6-21 所示。

图 6-19

图 6-20

图 6-21

**STEP** 🔲14🔲 完成的插座如图 6-22 所示。

图 6-22

# 6.3 放样建模

对于很多复杂的模型，很难用基本的几何体组合或修改来得到，这时就要使用放样命令来实现。放样建模是指先创建一个二维截面，然后使它沿着一个预先设定好的路径进行变形，从而得到三维物体的过程。放样建模是一种非常重要的建模方式。

放样是一种传统的三维建模方法，使截面图形沿着路径放样形成三维物体，在路径的不同位置可以有多个截面图形。

## 6.3.1 放样工具

放样命令的用法分为两种：一种是单截面放样变形，只用一次放样变形即可制作出所需要的形体；另一种是多截面放样变形，用于制作较复杂的几何形体，在制作过程中要进行多个路径的放样变形。

### 1. 单截面放样变形

本节先来介绍单截面放样变形。它是放样命令的基础，也是使用比较普遍的放样方法。

**STEP 01** 在视图中创建一个文本和一条弧。这两个二维图形可以随意创建。

**STEP 02** 选择弧，单击"■（创建）> ○（几何体）> 复合对象"，在命令面板中单击"放样"按钮，命令面板中会显示放样的修改参数，如图 6-23 所示。

**STEP 03** 单击"获取图形"按钮，在视图中单击文本，如图 6-24 所示。

图 6-23

图 6-24

**STEP 04** 拾取图形后即可创建三维放样模型。

### 2. 多截面放样变形

在实际制作过程中，有一部分模型只用单截面放样是不能完成的，复杂的造型是由不同的截面结合而成的，所以就要用到多截面放样。

**STEP 01** 在顶视图中分别创建圆、星形和多边形。在"前"视图中绘制一条直线，这几个二维图形可以随意创建，如图 6-25 所示。

**STEP 02** 单击线将其选中，单击" （创建）> （几何体）> 复合对象 > 放样"按钮，然后在"创建方法"卷展栏中单击"获取图形"按钮，在视图中单击圆，这时直线变为圆柱体，如图 6-26 所示。

图6-25

图6-26

**STEP 03** 在"路径参数"卷展栏中设置"路径"的数值设置为 45，单击"获取图形"按钮，在视图中单击星形，如图 6-27 所示。

**STEP 04** 将"路径"的数值设置为 80，单击"获取图形"按钮，在视图中单击多边形，如图 6-28 所示。

图6-27

图6-28

**STEP 05** 切换到 （修改）命令面板，在修改命令堆栈中单击将选择集定义为"图形"，这时命令面板中会出现新的命令参数，在场景中框选放样的模型，选中 3 个放样图形，如图 6-29 所示。

**STEP 06** 单击"比较"按钮，弹出"比较"窗口，根据场景中选择图形的位置，在"比较"窗口中单击 （拾取图形）按钮，在视图中分别在放样物体 3 个截面的位置上单击，将 3 个截面拾取到"比较"窗口中，如图 6-30 所示。

图 6-29

图 6-30

从"比较"窗口中可以看到 3 个截面图形的起始点，如果起始点没有对齐，可以使用 （选择并旋转）工具手动调整，使之对齐。

### 3. 放样物体的参数

放样命令的参数由 5 部分组成，其中包括创建方法、曲面参数、路径参数、蒙皮参数和变形，如图 6-31 所示。

"创建方法"卷展栏用于决定在放样过程中使用哪一种方式来进行放样，如图 6-32 所示。

图 6-31

图 6-32

- 获取路径：如果已经选择了路径，则单击该按钮，到视图中拾取将要作为截面图形的图形。
- 获取图形：如果已经选择了截面图形，则单击该按钮，到视图中拾取将要作为路径的图形。
- 移动：直接用原始二维图形进入放样系统。
- 复制：复制一个二维图形进入放样系统，而其本身并不发生任何改变，此时原始二维图形和复制图形之间是完全独立的。
- 实例：原来的二维图形将继续保留，进入放样系统的只是它们各自的关联物体。可以将它们隐藏，以后需要对放样造型进行修改时，直接去修改它们的关联物体即可。

**提示**

*是先指定路径，再拾取截面图形，还是先指定截面图形，再拾取路径，本质上对造型的形态没有影响，只是出于位置放置的需要而选择不同的方式。*

### 4. 路径参数卷展栏

"路径参数"卷展栏用于设置沿放样物体路径上各个截面图形的间隔位置。

- 路径：通过调整微调器或输入一数值设置插入点在路径上的位置。其路径的值取决于所选定的测量方式，并随着测量方式的改变而产生变化。

- 捕捉：设置放样路径上截面图形固定的间隔距离。捕捉的数值也取决于所选定的测量方式，并随着测量方式的改变而产生变化。
- 启用：单击该复选框，则激活 Snap（捕捉）参数栏。系统提供了下面 3 种测量方式：百分比：将全部放样路径设为 100%，以百分比形式确定插入点的位置；距离：以全部放样路径的实际长度为总数，以绝对距离长度形式来确定插入点的位置；路径步数：以路径的分段形式来确定插入点的位置。
- 拾取图形：单击该按钮，在放样物体中手动拾取放样截面，此时"捕捉"关闭，并把所拾取到的放样截面的位置作为当前"路径"栏中的值。
- 上一个图形：选择当前截面的前一截面。
- 下一个图形：选择当前截面的后一截面。

### 5. 变形参数卷展栏

"变形"卷展栏中的选项功能介绍如下，如图 6-33 所示。

- 缩放：可以从单个图形中放样对象（如列和小喇叭），该图形在其沿着路径移动时只改变其缩放。要制作这些类型的对象时，请使用 Scale（缩放）变形。
- 扭曲：使用变形扭曲可以沿着对象的长度创建盘旋或扭曲的对象。扭曲将沿着路径指定旋转量。
- 倾斜：倾斜变形围绕局部 X 轴和 Y 轴旋转图形。当在"蒙皮参数"卷展栏上选择"轮廓"时，倾斜是 3ds Max 自动选择的工具。当手动控制轮廓效果时，请使用"倾斜"变形。
- 倒角：您在真实世界中碰到的每一个对象几乎都需要倒角。这是因为制作一个非常尖的边很困难且耗时间，创建的大多数对象都具有已切角化、倒角或减缓的边。使用"倒角"变形来模拟这些效果。
- 拟合：使用拟合变形可以使用两条"拟合"曲线来定义对象的顶部和侧剖面。想通过绘制放样对象的剖面来生成放样对象时，请使用"拟合"变形。

变形曲线首先作为使用常量值的直线。若要生成更精细的曲线，可以插入控制点并更改它们的属性。使用变形对话框工具栏中间的按钮可以插入和更改变形曲线控制点。

下面以"倒角"变形对话框为例来介绍其中常用的各项命令，如图 6-34 所示。

图 6-33

图 6-34

- 均衡：均衡是一个动作按钮，也是一种曲线编辑模式，可以用于对轴和形状应用相同的变形。
- 显示 X 轴：仅显示红色的 X 轴变形曲线。
- 显示 Y 轴：仅显示绿色的 Y 轴变形曲线。
- 显示 XY 轴：同时显示 X 轴和 Y 轴变形曲线，各条曲线使用各自的颜色。
- 变换变形曲线：在 X 轴和 Y 轴之间复制曲线。此按钮在启用 均衡时是禁用的。
- 移动控制点：更改变形的量（垂直移动）和变形的位置（水平移动）。

- $\updownarrow$ 缩放控制顶点：更改变形的量，而不更改位置。
- 插入角点：单击变形曲线上的任意处可以在该位置插入角点控制点。
- 删除控制点：删除所选的控制点，也可以通过按 Delete 键来删除所选的点。
- ✕ 重置曲线：删除所有控制点（但两端的控制点除外）并恢复曲线的默认值。
- 数值字段：仅当选择了一个控制点时，才能访问这两个字段。第一个字段提供了点的水平位置，第二个字段提供了点的垂直位置（或值）。可以使用键盘编辑这些字段。
- 平移：在视图中拖动，可以任意方向移动。
- 最大化显示：更改视图放大值，使整个变形曲线可见。
- 水平方向最大化显示：更改沿路径长度进行的视图放大值，使得整个路径区域在对话框中可见。
- 垂直方向最大化显示：更改沿变形值进行的视图放大值，使得整个变形区域在对话框中显示。
- 水平缩放：更改沿路径长度进行的放大值。
- 垂直缩放：更改沿变形值进行的放大值。
- 缩放：更改沿路径长度和变形值进行的放大值，保持曲线纵横比。
- 缩放区域：在变形栅格中拖动区域。区域会相应放大，以填充变形对话框。

### 6.3.2 课堂案例——制作留声机

**案例学习目标**

学习使用放样工具。

**案例知识要点**

创建路径和截面图形，使用放样工具来制作出喇叭，使用编辑多边形制作出留声机喇叭口的变形形状，如图 6-35 所示。

**场景所在位置**

资源包 / 场景 /cha06/ 留声机 .max。

**效果图场景所在位置**

资源包 / 场景 /cha06/ 留声机 ok.max。

**贴图所在位置**

资源包 / 贴图。

制作留声机

图 6-35

**STEP 1** 单击"（创建）>（图形）>线"按钮，在"前"视图中创建并调整样条线的形状，该图形作为放样的路径，如图6-36所示。

**STEP 2** 单击"（创建）>（图形）>圆"按钮，在"左"视图中创建圆，设置圆的"半径"为1，如图6-37所示。

图6-36

图6-37

**STEP 3** 单击"（创建）>（图形）>星形"按钮，在"左"视图中创建星形，在"参数"卷展栏中设置"半径1"为10、"半径2"为8、"点"为12、"圆角半径1"为2、"圆角半径2"为1，如图6-38所示。

**STEP 4** 在场景中选择作为路径的图形，单击"（创建）>（几何体）>复合对象>放样"按钮，在"创建方法"卷展栏中单击"获取图形"按钮，在场景中拾取星形，如图6-39所示。

图6-38

图6-39

**STEP 5** 在"路径参数"卷展栏中设置"路径"参数为60，单击"创建方法"卷展栏中的"获取图形"按钮，在场景中选择圆，如图6-40所示。

**STEP 6** 切换到（修改）命令面板，在"变形"卷展栏中单击"缩放"按钮，在弹出的"缩放变形"对话框中调整图形的形状，可以随时观察场景中模型的效果，如图6-41所示。

图 6-40

图 6-41

**STEP 7** 变形后的模型，如图 6-42 所示。

**STEP 8** 在场景中选择作为放样的星形，在"修改器列表"中选择"编辑样条线"修改器，将选择集定义为"顶点"，在场景中按【Ctrl+A】快捷键，全选顶点，在"几何体"卷展栏中设置"焊接"为 0.5，单击"焊接"按钮，如图 6-43 所示。

图 6-42

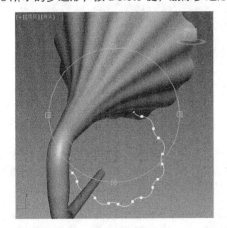

图 6-43

**STEP 9** 焊接顶点后，可以看到模型的变化，如图 6-44 所示。

**STEP 10** 为模型施加"编辑多边形"修改器，将选择集定义为"多边形"，在场景中选择如图 6-45 所示的多边形，按 Delete 键，删除多边形。

图 6-44

图 6-45

**STEP 11** 将选择集定义为"顶点"，在"软选择"卷展栏中勾选"使用软选择"选项，设置"衰减"为5，选择如图6-46所示的顶点。

**STEP 12** 在场景中调整顶点，如图6-47所示。

图6-46

图6-47

**STEP 13** 关闭选择集，为模型施加"壳"修改器，在"参数"卷展栏中设置"外部量"为0.4，如图6-48所示。

**STEP 14** 单击" ※ （创建） > ○ （几何体） > 扩展基本体 > 切角圆柱体"按钮，在"右"视图中创建切角圆柱体，在"参数"卷展栏中设置"半径"为1.2、"高度"为1.8、"圆角"为0.2，圆角分段为3，如图6-49所示。

图6-48

图6-49

**STEP 15** 单击" ※ （创建）> ◎ （图形）> 线"按钮，在"顶"视图中创建线，切换到 ☑ （修改）命令面板，调整图形的形状，在"渲染"卷展栏中勾选"在渲染中启用"和"在视口中启用"选项，设置"厚度"为1，如图6-50所示。

**STEP 16** 为可渲染的线施加"编辑多边形"修改器，将其转换为网格，将选择集定义为"顶点"，在场景中选择顶点，在"软选择"卷展栏中勾选"使用软选择"选项，设置"衰减"为10，在工具栏中鼠标右击 （选择并均匀缩放）按钮，在弹出的对话框中输入缩放比例为 42.1，如图 6-51 所示。

图 6-50

图 6-51

**STEP 17** 单击 "（创建）> （几何体）> 扩展基本体 > 切角圆柱体" 按钮，在 "顶" 视图中创建切角圆柱体，在 "参数" 卷展栏中设置 "半径" 为 0.7、"高度" 为 0.8、"圆角" 为 0.1、、"圆角分段" 为 3、"边数" 为 30，如图 6-52 所示。

**STEP 18** 单击 "（创建）> （几何体）> 标准基本体 > 圆锥体" 按钮，在 "顶" 视图中创建圆柱体，在 "参数" 卷展栏中设置 "半径 1" 为 0.2、"半径 2" 为 0、"高度" 为 −3.5、"边数" 为 24，如图 6-53 所示。

图 6-52

图 6-53

**STEP 19** 单击 "（创建）> （图形）> 矩形" 按钮，在 "顶" 视图中创建矩形，在 "参数" 卷展栏中设置 "长度" 为 25、"宽度" 为 25，如图 6-54 所示。

**STEP 20** 单击 "（创建）> （图形）> 线" 按钮，在 "前" 视图中创建线，调整图形的形状，如图 6-55 所示。

图 6-54

图 6-55

**STEP 21** 在场景中选择矩形，切换到 （修改）命令面板，在"修改器列表"中选择"倒角剖面"修改器，在"参数"卷展栏中单击"拾取剖面"按钮，在场景汇总拾取绘制的线，制作出如图 6-56 所示的模型。

**STEP 22** 在场景中复制模型，调整模型的镜像角度，如图 6-57 所示。

图 6-56

图 6-57

**STEP 23** 单击"（创建）> （几何体）> 标准基本体 > 长方体"按钮，在"顶"视图中创建长方体，在场景中调整模型的位置，切换到（修改）命令面板，在"参数"卷展栏中设置"长度"为 24、"宽度"为 24、"高度"为 -8，如图 6-58 所示。

**STEP 24** 单击"（创建）> （图形）> 线"按钮，在"前"视图中创建线，切换到（修改）命令面板，在"渲染"卷展栏中勾选"在渲染中启用"和"在视口中启用"选项，设置"厚度"为 2.5，将选择集定义为"顶点"，在场景中调整线的形状，如图 6-59 所示。

图 6-58

图 6-59

**STEP 25** 在场景中为可渲染的样条线施加"编辑多边形"修改器，将选择集定义为"顶点"，在"软选择"卷展栏中勾选"使用软选择"选项，设置"衰减"为 5，在场景中选择并缩放顶点，如图 6-60 所示。

**STEP 26** 单击" (创建) > (几何体) > 扩展基本体 > 切角圆柱体"按钮，在"顶"视图中创建切角圆柱体，在"参数"卷展栏中设置"半径"为 2.5、"高度"为 2、"圆角"为 0.2，如图 6-61 所示。

图 6-60

图 6-61

**STEP 27** 单击" (创建) > (几何体) > 标准基本体 > 管状体"按钮，在"顶"视图中创建模型，在"参数"卷展栏中设置"半径 1"为 10、"半径 2"为 2.8、"高度"为 0.1、"高度分段"为 1、"边数"为 35，如图 6-62 所示。

**STEP 28** 在场景中组合调整模型，如图 6-63 所示。

图 6-62

图 6-63

在场景中制作模型的时候可以随时隐藏不需要的模型，只留出需要的模型，方便制作，需要的时候再将模型显示出来。

# 6.4 课堂练习——制作 MP3

**练习知识要点**

使用矩形并为其设置挤出，制作出 MP3 的基本形状，通过使用编辑多边形和 ProBoolean 工具制作出按钮槽、屏幕槽和充电耳机口等，完成的 MP3 如图 6-64 所示。

**场景所在位置**

资源包 / 场景 /cha06/MP3.max。

图 6-64

制作 MP3

# 6.5 课后习题——制作菜篮

**习题知识要点**

使用星形、线、圆、弧和放样工具，结合使用车削修改器制作菜篮模型，模型效果如图 6-65 所示。

**场景所在位置**

资源包 / 场景 /cha06/ 菜篮 .max。

图 6-65

制作菜篮

# 第7章
# 材质和纹理贴图

好的作品除了模型之外还需要材质和贴图的配合，材质与贴图是三维创作中非常重要的环节，它的重要性和难度丝毫不亚于建模。通过本章的学习我们应掌握材质编辑器参数的设定，常用的材质和贴图，以及结合"UVW贴图"的使用方法。

## 课堂学习目标

- 熟练掌握各种材质类型的设置

- 熟练掌握UVW贴图的应用

- 熟练掌握各种贴图的应用

## 7.1 材质的概述

真实世界中的物体都有自身的表面特征，例如，透明的玻璃，不同的金属具有不同的光泽度，石材和木材有不同的颜色和纹理等。

在 3ds Max 中创建好模型后，使用材质编辑器可以准确、逼真地表现物体不同的颜色、光泽和质感特性，图 7-1 所示为 3ds Max 模型指定材质后的效果。

图 7-1

贴图的主要材质是位图，在实际应用中主要用到下面几种位图格式。

- BMP 位图格式：它有 Windows 和 OS/2 两种格式，该种文件几乎不压缩，占用磁盘空间较大，它的颜色存储格式有 1 位、4 位、8 位和 24 位，是当今应用比较广泛的一种文件格式。

- GIF 格式：Compuserve 提供的 GIF 是一种图形变换格式（Graphics Interchange Format），这是一种经过压缩的格式，它使用 LZW（Lempel-ZIV And Welch）压缩方式。该格式在 Internet 上被广泛地应用，其原因主要是 256 种颜色已经基本能满足主页图形的需要，且文件较小，适合网络环境下的传输和浏览。

- JPEG 格式：JPEG 格式是由 Joint Photographic Experts Group 发展出来的标准，可以用不同的压缩比例对这种文件进行压缩，且压缩技术十分先进，对图像质量影响较小，因此可以用最少的磁盘空间得到较好的图像质量。由于它性能优异，所以应用非常广泛，是目前 Internet 上主流的图形格式，但 JPEG 格式是一种有损压缩。

- PSD 格式：PSD 是 Adobe Photoshop 的专用格式，在该软件所支持的各种格式中，PSD 格式存取速度比其他格式快很多。由于 Photoshop 软件越来越广泛地被应用，所以这个格式也逐步流行起来。用 PSD 格式存档时会将文件压缩，以节省空间，但不会影响图像质量。

- TIFF 格式：这是由 Commode Amga 计算机所采用的文件格式，它是 Interchange File Format 的缩写，有许多绘图或图像处理软件使用 TIFF 格式来进行文件交换。TIFF 格式具有图形格式复杂、存储信息多的特点。3ds Max 中的大量贴图就是 TIFF 格式的。TIFF 最大色深为 32bit，可采用 LZW 无损压缩方案存储。

- PNG 格式：PNG（Portable Network Graphics）是一种新兴的网络图形格式，结合了 GIF 和 JPEG 的优点，具有存储形式丰富的特点。PNG 最大色深为 48bit，采用无损压缩方案存储。著名的 Macromedia 公司的 Fireworks 的默认格式就是 PNG。

## 7.2 材质编辑器

材质编辑器是一个浮动的对话框，用于设置不同类型和属性的材质与贴图效果，并将设置的结果赋予场景中的物体。

在工具栏中单击 （材质编辑器）按钮，弹出"Slate 材质编辑器"窗口，如图 7-2 所示。平板材质编辑器是一个具有多个元素的图形界面。

按住 按钮，弹出隐藏的 （材质编辑器）按钮，弹出精简"材质编辑器"面板，如图 7-3 所示。

图 7-2

图 7-3

### 7.2.1 材质构成

这里所谓的材质构成是用于描述材质视觉和光学上的属性，主要包括颜色构成、高光控制、自发光和不透明性，另外，使用的 Shader 类型不同，标准材质的构成也有所不同。

颜色构成：一个单一颜色的表面由于光影的作用，通常会反映出多种颜色，3ds max 中绝大部分的标准材质是通过 4 种颜色构成对其进行模拟的。

- 环境光：对象阴影区域的颜色。
- 漫反射：普通照明情况下对象的"原色"。
- 高光反射：对象高亮照射部分的颜色。某些标准类型可以产生高光色，但无法进行设置。

这 3 部分分别代表着对象的 3 个受光区域，如图 7-4 所示。

- 过滤色：光线穿过对象所传播的颜色。只有当对象的不透明属性低于 100% 时才出现。
- 高光控制：不同的 Shader 类型对标准材质的高光控制也各不相同，但大部分都是由多个参数进行控制的，如光泽度、高光级别等。
- 自发光：自发光可以模拟对象从内部进行发光的效果。
- 不透明度：不透明度是对象的相对透明程度，降低不透明性，对象会变得更为透明。

高光反射

漫反射

环境光

图 7-4

以上绝大部分的材质构成都可以指定贴图，诸如漫反射、不透明度等，通过贴图可以使材质的外光更为复杂和真实。

### 7.2.2 材质编辑器菜单

在菜单栏中包含带有创建和管理场景中材质的各种选项的菜单。大部分菜单选项也可以从工具栏或导航按钮中找到，因此下面就跟随菜单选项来介绍相应的按钮。

下面介绍"Slate 材质编辑器"面板中的菜单栏。

"模式"菜单（如图 7-5 所示）中的各项命令介绍如下。

- 精简材质编辑器：显示精简材质编辑器。
- Slate 材质编辑器：显示平板材质编辑器。

图 7-5

"材质"菜单（如图 7-6 所示）中的各项命令介绍如下。

- （从对象选取）：选择此命令后，3ds Max 会显示一个滴管光标。单击视口中的一个对象，以在当前"视图"中显示出其材质。

- 从选定项获取：从场景中选定的对象获取材质，并显示在活动视图中。

- 获取所有场景材质：在当前视图中显示所有场景材质。

- 在 ATS 对话框中高亮显示资源：打开"资源追踪"对话框，其中显示了位图使用的外部文件的状态。如果针对位图节点单击此选项，关联的文件将在"资源追踪"对话框中高亮显示。

图 7-6

- （将材质指定给选定对象）：将当前材质指定给当前选择的所有对象。快捷键为 A。

- （将材质放入场景）：仅当具有与应用到对象的材质同名的材质副本，且已编辑该副本以更改材质的属性时，该选项才可用。选择"将材质放入场景"可以更新应用了旧材质的对象。

- 导出为 XMSL 文件：打开一个文件对话框，将当前材质导出到 MetaSL（XMSL）文件。

"编辑"菜单（如图 7-7 所示）中的各项命令介绍如下。

- （删除选定对象）：在活动"视图"中，删除选定的节点或关联。快捷键为 Delete。

- 清除视图：删除活动"视图"中的全部节点和关联。

- 更新选定的预览：自动更新关闭时，选择此选项可以为选定的节点更新预览窗口。快捷键为 U。

- 自动更新选定的预览：切换选定预览窗口的自动更新。快捷键为 Alt+U。

"选择"菜单（如图 7-8 所示）中的各项命令介绍如下。

图 7-7

图 7-8

- （选择工具）：激活"选择工具"工具。"选择工具"处于活动状态时，此菜单选项旁边会有一个复选标记。快捷键为 S。

- 全选：选择当前"视图"中的所有节点。快捷键为【Ctrl+A】。

- 全部不选：取消当前 View（视图）中的所有节点的选择。快捷键为【Ctrl+D】。

- 反选：反转当前的选择，之前选定的节点全都取消选择，未选择的节点现在全都选择。快捷键为【Ctrl+I】。

- 选择子对象：选择当前选定节点的所有子节点。快捷键为【Ctrl+C】。

- 取消选择子对象：取消选择当前选定节点的所有子节点。
- 选择树：选择当前树中的所有节点。

"视图"菜单（如图 7-9 所示）中的各项命令介绍如下。

- （平移工具）：启用"平移工具"命令后，在当前"视图"中拖动就可以平移视图。快捷键为【Ctrl+P】。

- （平移至选定项）：将"视图"平移至当前选择的节点。快捷键为【Alt+P】。

- （缩放工具）：启用"缩放工具"命令后，在当前"视图"中拖动就可以缩放视图。快捷键为【Alt+Z】。

- （缩放区域工具）：启用"缩放区域工具"命令后，在"视图"中拖动一块矩形选区就可以放大该区域。快捷键为【Ctrl+W】。

- （最大化显示）：缩放"视图"，从而让视图中的所有节点都可见且居中显示。快捷键为【Ctrl+Alt+Z】。

图 7-9

- （选定最大化显示）：缩放"视图"，从而让视图中的所有选定节点都可见且居中显示。快捷键为 Z。
- 显示栅格：将一个栅格的显示切换为"视图"背景。默认设置为启用。快捷键为 G。
- 显示滚动条：根据需要，切换"视图"右侧和底部的滚动条的显示。默认设置为禁用状态。
- 布局全部：自动排列"视图"中所有节点的布局。快捷键为 L。
- （布局子对象）：自动排列当前所选节点的子对象的布局。此操作不会更改父节点的位置。快捷键为 C。
- 打开 / 关闭选定的节点：打开（展开）或关闭（折叠）选定的节点。
- 自动打开节点示例窗：启用此命令时，新创建的所有节点都会打开（展开）。
- （隐藏未使用的节点示例窗）：对于选定的节点，在节点打开的情况下切换未使用的示例窗的显示。快捷键为 H。

"选项"菜单（如图 7-10 所示）中的各项命令介绍如下。

- （移动子对象）：启用此命令时，移动父节点会移动与之相随的子节点。禁用此命令时，移动父节点不会更改子节点的位置。默认设置为禁用状态。快捷键为【Alt+C】。

图 7-10

- 将材质传播到实例：启用此命令时，任何指定的材质将被传播到场景中对象的所有实例，包括导入的 AutoCAD 块或基于 ADT 样式的对象，它们都是 DRF 文件中常见的对象类型。

- 启用全局渲染：切换预览窗口中位图的渲染。默认设置为启用。

- 首选项：打开"选项"对话框，如图 7-11 所示，从中设置材质编辑器的一些选项，这里就不详细介绍了。

"工具"菜单（如图 7-12 所示）中的各项命令介绍如下。

- （材质 / 贴图浏览器）：切换"材质 / 贴图浏览器"的显示。默认设置为启用。

- （参数编辑器）：切换"参数编辑器"的显

图 7-11

示。默认设置为启用。

- 导航器：切换"导航器"的显示。默认设置为启用。

"实用程序"卷展栏介绍如下（如图 7-13 所示）。

图 7-12                                    图 7-13

- 渲染贴图：此选项仅对贴图节点显示。打开"渲染贴图"对话框，以便可以渲染贴图（可能是动画贴图）预览。
- （按材质选择对象）：仅当为场景中使用的材质选择了单个材质节点时启用。使用"按材质选择对象"可以基于"材质编辑器"中的活动材质选择对象。选择此命令将打开"选择对象"对话框。
- 清理多重材质：打开"清理多重材质"工具，用于删除场景中未使用的子材质。
- 实例化重复的贴图：打开"实例化重复的贴图"工具，用于合并重复的位图。

### 7.2.3 活动视图

在"Slate 材质编辑器"的"视图"中显示材质和贴图节点，用户可以在节点之间创建关联。

#### 1．编辑节点

可以折叠节点隐藏其窗口，如图 7-14 所示。也可以展开节点显示窗口，如图 7-15 所示。还可以在水平方向上调整节点大小，这样可以更易于读取窗口名称，如图 7-16 所示。

通过双击预览，可以放大节点标题栏中预览的大小。要减小预览大小，再次双击预览即可，如图 7-17 所示。

图 7-15

图 7-14                    图 7-16                    图 7-17

在节点的标题栏中，材质预览的拐角处表明材质是否为热材质。没有三角形则表示场景中没有使用材质，如图 7-18 左图所示；轮廓式白色三角形表示此材质为热材质，换句话说，它已经在场景中实例化，如图 7-18 中图所示；实心白色三角形，材质不仅为热材质，而且已经应用到当前选定的对象上，如图 7-18 右图所示。

图 7-18

如果材质没有应用于场景中的任何对象，就称它是冷材质。

### 2. 关联节点

要设置材质组件的贴图，请将一个贴图节点关联到该组件窗口的输入套接字。从贴图套接字拖到材质套接字上，图 7-19 所示为创建的关联。

图 7-19

材质节点标题栏中的预览图标显示为纹理贴图。平板材质编辑器还添加了一个 Bezier 浮点控制器节点，以控制贴图量。

若要移除选定项，单击工具栏中的 （删除选定对象）按钮，或直接单击 Delete 键。同样，使用这种方法也可以将创建的关联删除。

### 3. 替换关联方法

在视图中拖动出关联，在视图的空白部分上释放新关联，将打开一个用于创建新节点的菜单，如图 7-20 所示。用户可以从输入套接字向后拖动，也可以从输出套接字向前拖动。

如果将关联拖动到目标节点的标题栏，则将显示一个弹出菜单，可通过它选择要关联的组件窗口，如图 7-21 所示。

图 7-20　　　　　　　　　　　　　　　　　　图 7-21

## 7.2.4　材质工具按钮

使用 Slate 平板材质编辑器工具栏可以快速访问许多命令。该工具栏还包含一个下拉列表框，使用户可以在命名的视图之间进行选择，图 7-22 所示为 Slate 平板材质编辑器的工具栏。

图 7-22

工具栏中各个工具的功能介绍如下（前面菜单中相同的工具，这里就不重复介绍了）。

- （在视图中显示标准贴图）：在视图中显示设置的贴图。
- （在预览中显示背景）：在预览窗口中显示方格背景。
- （布局全部 - 水平）：单击此按钮将以垂直模式自动布置所有节点。
- （布局全部 - 垂直）：单击此按钮将以水平模式自动布置所有节点。
- （按材质选择）：仅当选定了单个材质节点时才启用此按钮。

"材质编辑器"中与"Slate 平板材质编辑器"中的参数基本相同，下面将主要介绍"材质编辑器"窗口周围的工具按钮的使用。

工具栏中各个工具的功能介绍如下。

- （将材质放入场景）：在编辑材质之后更新场景中的材质。
- （生成材质副本）：通过复制自身的材质，生成材质副本，冷却当前热示例窗。
- （使唯一）：可以使贴图实例成为唯一的副本。
- （放入库）：使用 （放入库）可以将选定的材质添加到当前库中。
- （材质 ID 通道）：弹出按钮上的按钮将材质标记为 Video Post 效果或渲染效果，或存储以 RLA 或 RPF 文件格式保存的渲染图像的目标以便通道值可以在后期处理应用程序中使用。材质 ID 值等同于对象的 G 缓冲区值。范围为 1 ～ 15，它表示将使用此通道 ID 的 Video Post 或渲染效果应用于该材质。
- （显示最终结果）：当此按钮处于启用状态时，示例窗将显示 （显示最终结果），即材质树中所有贴图和明暗器的组合。当此按钮处于禁用状态时，示例窗只显示材质的当前层级。
- （转到父对象）：使用 （转到父对象）可以在当前材质中向上移动一个层级。
- （转到下一个同级项）：使用 （转到下一个同级项）按钮，将移动到当前材质中相同层级的下一个贴图或材质。
- （采样类型）：使用"采样类型"弹出按钮可以选择要显示在活动示例中的几何体，如图 7-23 所示。
- （背光）：启用 （背光）将背光添加到活动示例窗中。默认情况下，此按钮处于启用状态。图 7-24 左图所示为启用背光后的效果，右图为未启用背光时的效果。

图 7-23

图 7-24

- （采样 UV 平铺）：使用"采样 UV 平铺"弹出按钮可以在活动示例窗中调整采样对象上的贴图重复的图案，如 7-25 所示。
- （视频颜色检查）：用于检查示例对象上的材质颜色是否超过安全 NTSC 或 PAL 阈值。图 7-26 左图所示为颜色过分饱和的材质，右图所示为"视频颜色检查"超过视频阈值的黑色区域。

图 7-25

图 7-26

- （生成预览）、（播放预览）、（保存预览）：单击"生成预览"按钮，弹出创建材质预览对话框，创建动画材质的 AVI 文件，如图 7-27 所示；"播放预览"使用 Windows Media Player 播放 .avi 预览文件；"保存预览"将 .avi 预览以另一名称的 AVI 文件形式保存。

- （选项）：单击此按钮将弹出材质编辑器选项对话框，可以帮助用户控制如何在示例中显示材质和贴图，如图 7-28 所示。

图 7-27

图 7-28

# 7.3 材质类型

下面将以精简材质编辑器为例向大家介绍材质类型，在材质编辑器窗口中单击"Standard"按钮，

在弹出的"材质／贴图浏览器"窗口中展开"材质"卷展栏中的"标准"卷展栏，其中列出了标准材质
类型，如图 7-29 所示。

图 7-29

### 7.3.1　标准材质

"标准"材质是默认的通用材质，在真实生活中，对象的外观取决于它反射光线的情况，在 3ds
Max 中，标准材质用来模拟对象表面的反射属性，在不使用贴图的情况下，标准材质为对象提供了单一
均匀的表面颜色效果。

#### 1．明暗器基本参数

该卷展栏中的参数用于设置材质的明暗效果以及渲染
形态，如图 7-30 所示。

图 7-30

- 线框：选择该复选框后，将以网格线框的方式对物
  体进行渲染，如图 7-31 所示。
- 双面：选择该复选框后，将对物体的双面全部进行渲染，如图 7-32 所示。

图 7-31

图 7-32

- 面贴图：选择该复选框后，可将材质赋予物体的所有面，如图 7-33 所示。
- 面状：选择该复选框后，物体将以面方式被渲染，如图 7-34 所示。

图 7-33

图 7-34

明暗方式下拉列表框：用于选择材质的渲染属性。3ds Max 2014 中提供了 8 种渲染属性，如图 7-35 所示。其中，"Blinn""金属""各向异性"和"Phong"是比较常用的材质渲染属性。

图 7-35

- 各向异性：多用于椭圆表面的物体，能很好地表现出毛发、玻璃、陶瓷和粗糙金属的效果。
- Blinn：以光滑方式进行表面渲染，易表现冷色坚硬的材质，是 3ds Max 2014 中默认的渲染属性。
- 金属：专用金属材质，可表现出金属强烈的反光效果。
- 多层：具有两组高光控制选项，能产生更复杂、更有趣的高光效果，适合做抛光的表面和特殊效果等，如缎纹、丝绸和光芒四射的油漆等效果。
- Oren-Nayar-Blinn：是"Blinn"渲染属性的变种，但它看起来更柔和，适合表面较为粗糙的物体，如织物和地毯等效果。
- Phong：以光滑方式进行表面渲染，易表现暖色柔和的材质。
- Strauss：其属性与"金属"相似，多用于表现金属，如光泽的油漆和光亮的金属等效果。
- 半透明明暗器：专用于设置半透明材质，多用于表现光线穿过半透明物体，如窗帘、投影屏幕或者蚀刻了图案的玻璃的效果。

## 2．基本参数面板

基本参数面板中的参数不是一直不变的，而是随着渲染属性的改变而改变，但大部分参数都是相同的。这里以常用的"Blinn"和"各向异性"为例来介绍参数面板中的参数。

"Blinn 基本参数"卷展栏中显示的是 3ds Max 2014 中默认的基本参数，如图 7-36 所示。

- 环境光：用于设置物体表面阴影区域的颜色。
- 漫反射：用于设置物体表面漫反射区域的颜色。
- 高光反射：用于设置物体表面高光区域的颜色。

单击这 3 个参数右侧的颜色框，会弹出"颜色选择器"对话框，如图 7-37 所示，设置好合适的颜色后单击"确定"按钮即可。若单击"重置"按钮，设置的颜色设置将回到初始设置。对话框右侧用于设置颜色的红、绿、蓝值，可以通过数值来设置颜色。

图 7-36

图 7-37

自发光：使材质具有自身发光的效果，可用于制作灯和电视机屏幕等光源物体。该参数可以在数值框中输入数值，此时"漫反射"将作为自发光色，如图 7-38 所示。也可以选择左侧的复选框，使数值框变为颜色框，然后单击颜色框选择自发光的颜色，如图 7-39 所示。

图 7-38

图 7-39

不透明度：用于设置材质的不透明百分比值，默认值为"100"，表示完全不透明。值为"0"时，表示完全透明。

反射高光选项组：用于设置材质的反光强度和反光度。

- 高光级别：用于设置高光亮度。值越大，高光亮度就越大。
- 光泽度：用于设置高光区域的大小。值越大，高光区域越小。
- 柔化：具有柔化高光的效果，取值范围为 0 ～ 1.0。

"各向异性基本参数"卷展栏：在明暗方式下下拉列表框中选择"各向异性"方式，基本参数面板中的参数发生变化，如图 7-40 所示。

- 漫反射级别：用于控制材质的"环境光"颜色的亮度，改变参数值不会影响高光。取值范围为 0 ～ 400，默认值为 100。
- 各向异性：控制高光的形状。
- 方向：设置高光的方向。

"贴图"卷展栏：贴图是制作材质的关键环节，3ds Max 2014 在标准材质的贴图设置面板中提供了多种贴图通道，如图 7-41 所示。每一种都有其独特之处，通过贴图通道进行材质的赋予和编辑，能使模型具有真实的效果。

图 7-40

图 7-41

在"贴图"卷展栏中有部分贴图通道与前面"基本参数"卷展栏中的参数机对应。在"基本参数"卷展栏中可以看到有些参数的右侧都有一个 ▓ 按钮，这和贴图通道中的"None"按钮的作用相同，单击后都会弹出"材质 / 贴图浏览器"窗口，如图 7-42 所示。在"材质 / 贴图浏览器"窗口中可以选择贴图类型。下面先对部分贴图通道进行介绍。

- 环境光颜色：将贴图应用于材质的阴影区，默认状态下，该通道被禁用。

- 漫反射颜色：用于表现材质的纹理效果，是最常用的一种贴图，如图 7-43 所示。
- 高光颜色：将材质应用于材质的高光区。
- 高光级别：与高光区贴图相似，但强度取决于高光强度的设置。
- 光泽度：贴图应用于物体的高光区域，控制物体高光区域贴图的光泽度。
- 自发光：将贴图以一种自发光的形式应用于物体表面，颜色浅的部分会产生发光效果。
- 不透明度：根据贴图的明暗部分在物体表面上产生透明的效果，颜色深的地方透明，颜色浅的地方不透明。
- 过滤色：根据贴图图像像素的深浅程度产生透明的颜色效果。
- 凹凸：根据贴图的颜色产生凹凸的效果，颜色深的区域产生凹下效果，颜色浅的区域产生凸起效果，如图 7-44 所示。

图 7-42

图 7-43

图 7-44

- 反射：用于表现材质的反射效果，是一个在建模中重要的材质编辑参数，如图 7-45 所示，电话和模拟的桌面都有反射效果。
- 折射：用于表现材质的折射效果，常用于表现水和玻璃的折射效果，如图 7-46 所示的玻璃调料瓶。

图 7-45

图 7-46

### 7.3.2 "光线跟踪"材质类型

"光线跟踪"材质是一种高级的材质类型。当光线在场景中移动时，通过跟踪对象来计算材质颜色，这些光线可以穿过透明对象，在光亮的材质上反射，得到逼真的效果。

光线跟踪材质产生的反射和折射的效果要比光线追踪贴图更逼真，但渲染速度会变得更慢。

### 1. 选择光线跟踪材质

在工具栏中单击 （材质编辑器）按钮，打开材质编辑器，单击"Standard"按钮，弹出"材质/贴图浏览器"窗口，如图 7-47 所示。双击"光线跟踪"选项，材质编辑器中会显示光线追踪材质的参数，如图 7-48 所示。

图 7-47                    图 7-48

### 2. 光线跟踪材质的基本参数

单击"明暗处理"方式下的下拉列表框，会发现光线跟踪材质只有 5 种明暗方式，分别是"Phong""Blinn""金属""Oren-Nayar-Blinn"和"各向异性"，如图 7-49 所示，这 5 种方式的属性和用法与标准材质中的是相同的。

- 环境光：与标准材质不同，此处的阴影色将决定光线跟踪材质吸收环境光的多少。

- 漫反射：决定物体高光反射的颜色。

图 7-49

- 发光度：依据自身颜色来规定发光的颜色。同标准材质中的自发光相似。

- 透明度：光线追踪材质通过颜色过滤表现出的颜色。黑色为完全不透明，白色为完全透明。

- 折射率：决定材质折射率的强度。准确调节该数值能真实反映物体对光线折射的不同折射率。值为 1 时，是空气的折射率；值为 1.5 时，是玻璃的折射率；值小于 1 时，对象沿着它的边界进行折射。

"反射高光"组用于设置物体反射区的颜色和范围。

- 高光颜色：用于设置高光反射的颜色。

- 高光级别：用于设置反射光区域的范围。

- 光泽度：用于决定发光强度，数值在 0 ~ 200。

- 柔化：用于对反光区域进行柔化处理。

- 环境：选中时，将使用场景中设置的环境贴图；未选中时，将为场景中的物体指定一个虚拟的环境贴图，这时会忽略掉在环境和效果对话框中设置的环境贴图。

- 凹凸：设置材质的凹凸贴图，与标准类型材质中"贴图"卷展栏中的"凹凸"贴图作用相同。

### 3. 光线跟踪材质的扩展参数

"扩展参数"卷展栏中的参数用于对光线跟踪材质类型的特殊效果进行设置，参数如图 7-50 所示。

"特殊效果"选项组。

- 附加光：这项功能与环境光一样，能用于模拟从一个对象放射到另一个对象上的光。

- 半透明：可用于制作薄对象的表面效果，有阴影投在薄对象的表面。当用在厚对象上时，可以用于制作类似于蜡烛或有雾的玻璃效果。

- 荧光和荧光偏移："荧光"使材质发出类似黑色灯光下的荧光颜色，它将引起材质被照亮，就像被白光照亮，而不管场景中光的颜色。而"荧光偏移"决定亮度的程度，1.0 表示最亮，0 表示不起作用。

图 7-50

"高级透明"选项组。

- 密度和颜色：可以使用颜色密度来创建彩色玻璃效果，其颜色的程度取决于对象的厚度和"数量"参数设置。"开始"参数用于设置颜色开始的位置，"结束"参数用于设置颜色达到最大值的距离。

"反射"选项组决定反射时漫反射颜色的发光效果。选择"默认"单选按钮时，反射被分层，把反射放在当前漫反射颜色的顶端；选择"相加"单选按钮时，给漫反射颜色添加反射颜色。

- 增益：用于控制反射的亮度，取值范围为 0 ~ 1。

### 7.3.3 "混合"材质

"混合"材质将两种不同的材质融合在同一面上，如图 7-51 所示。通过不同的融合度，控制两种材质表现出的强度，可以制作出材质变形动画。

"混合基本参数"卷展栏中的选项功能介绍如下（如图 7-52 所示）。

图 7-51

图 7-52

- 材质 1、材质 2：通过单击右侧的空白按钮选择相应的材质。
- 遮罩：选择一张图案或程序贴图来作为蒙版，利用蒙版图案的明暗度来决定两个材质的融合情况。
- 交互式：在视图中以"平滑＋高光"方式交互渲染时，选择哪一个材质显示在对象表面。
- 混合量：确定融合的百分比例，对无蒙版贴图的两个材质进行融合时，依据它来调节混合程度。值为 0 时，材质 1 完全可见，材质 2 不可见；值为 1 时，材质 1 不可见，材质 2 可见。
- 混合曲线：控制蒙版贴图中黑白过渡区造成的材质融合的尖锐或柔和程度，专用于使用了 Mask 蒙版贴图的融合材质。

- 使用曲线：确定是否使用混合曲线来影响融合效果。
- 转换区域：分别调节 "上部" 和 "下部" 数值来控制混合和曲线，两值相近时，会产生清晰尖锐的
  融合边缘；两值差距很大时，会产生柔和模糊的融合边缘。

### 7.3.4 "混合合成" 材质

合成材质可以复合 10 种材质。复合方式有 "增加不透明度" "相减不透明度" 和 "基于数量混合" 3
种方式，分别用 A、S 和 M 表示。

"合成基本参数" 卷展栏中的选项功能介绍如下（如图 7-53
所示）。

- 基础材质：指定基础材质，默认为标准材质。
- 材质 1～材质 9：在此选择要进行复合的材质，前面的复
  选框控制是否使用该材质，默认为启用。
- A（增加不透明度）：各个材质的颜色依据其不透明度进行
  相加，总计作为最终的材质颜色。
- S（相减不透明度）：各个材质的颜色依据其不透明度进行
  相减，总计作为最终的材质颜色。
- M（基于数量混合）：各个材质依据其数量进行混合复合。
  颜色与不透明度的复合方式与不使用蒙版下的融合方式
  相同。
- 数量：控制混合的数量。

图 7-53

### 7.3.5 "多维 / 子对象" 材质

将多个材质组合为一种复合式材质，分别为一个对象的不
同子对象指定选择级别，创建 "多维 / 子对象" 材质，将它指定
给目标对象。

"多维 / 子对象基本参数" 卷展栏中的选项功能介绍如下（如
图 7-54 所示）。

- 设置数量：设置拥有子级材质的数目，注意如果减少数
  目，会将已经设置的材质丢失。
- 添加：添加一个新的子材质。新材质默认的 ID 号为当
  前最大的 ID 号加 1。
- 删除：删除当前选择的子材质。
- ID 排序：单击后按子材质 ID 号的升序排列。
- 名称排序：单击后按名称栏中指定的名称进行排序。
- 子材质排序：按子材质的名称进行排序。

图 7-54

### 7.3.6 课堂案例——制作包装盒材质

**案例学习目标**

学习使用多维子 / 对象材质和标准材质。

**案例知识要点**

设置多维子 / 对象材质和标准材质来制作包装盒的材质效果，如图 7-55 所示所示。

🔍 **原始场景所在位置**

资源包 / 场景 /cha07/ 包装盒材质 o.max。

🔍 **效果图场景所在位置**

资源包 / 场景 /cha07/ 包装盒材质 ok.max。

🔍 **贴图所在位置**

资源包 / 贴图。

图 7-55

制作包装盒材质

**STEP 01** 打开原始场景文件，在场景中选择长方体，为模型施加"编辑多边形"修改器，将选择集定义为"多边形"，在场景中选择如图 7-56 所示的多边形，在"多边形：材质 ID"卷展栏中设置"设置 ID"为 1。

**STEP 02** 在场景中选择如图 7-57 所示的多边形，设置"设置 ID"为 2。

图 7-56

图 7-57

**STEP 03** 在场景中选择如图 7-58 所示的多边形，设置"设置 ID"为 3。

**STEP 04** 在工具栏中单击 📷（材质编辑器）按钮，在弹出的"材质编辑器"中，单击"Standard"按钮，在弹出的"替换材质"中选择"丢弃旧材质"，单击"确定"按钮；在弹出的"材质 / 贴图浏览器"中选择"多维 / 子对象"材质，单击"确定"按钮，在"多维 / 子对象基本参数"卷展栏中单击"设置数量"按钮，在弹出的对话框中设置"材质数量"为 3，单击"确定"按钮，如图 7-59 所示。

图 7-58　　　　　　　　　　　　　　　　　　图 7-59

**STEP** 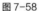　单击（1）号材质后的灰色按钮，进入（1）号材质设置面板。在弹出的"材质 / 贴图浏览器"中，选择"标准"材质，单击"确定"按钮；在"Blinn 基本参数"卷展栏中单击"漫反射"后的灰色按钮，在弹出的"材质 / 贴图浏览器"中选择"位图"贴图，单击"确定"按钮，如图 7-60所示。

**STEP** 　在弹出的"选择位图图像文件"对话框中选择"fangan01.tif"文件，单击"打开"按钮，如图 7-61 所示。

图 7-60　　　　　　　　　　　　　　　　　　图 7-61

**STEP** 　指定位图后，进入贴图层级面板，在"位图参数"卷展栏中单击"查看图像"按钮，在弹出的对话框中裁剪图像，如图 7-62 所示。

**STEP** 　勾选"应用"选项，如图 7-63 所示。

**STEP** 　单击 （转到父对象）按钮，回到（1）号材质的设置主面板，设置"自发光"为30，如图 7-64 所示。

**STEP** 　单击 （转到父对象）按钮，回到多维 / 子对象材质面板，拖曳（1）号材质到（2）号材质后的"无"按钮上，在弹出的对话框中选择"复制"选项，单击"确定"按钮，如图 7-65 所示。

图 7-62

图 7-63

图 7-64

图 7-65

**STEP** **11** 进入（2）号材质的漫反射贴图层级面板，在"位图参数"卷展栏中设置裁剪图像的区域，如图 7-66 所示。

**STEP** **12** 复制（2）号材质到（3）号材质后的"无"按钮上，在弹出的对话框中选择"复制"选项，单击"确定"按钮，如图 7-67 所示。

图 7-66

图 7-67

**STEP** **13** 进入（3）号材质的漫反射贴图层级面板，在"位图参数"卷展栏中设置裁剪图像区域，如图 7-68 所示。

**STEP** **14** 在每个子对象材质的材质面板中单击 ▦（视口中显示明暗处理材质）按钮，如图 7-69 所示，这样可以在场景中显示的材质效果。

图 7-68

图 7-69

**STEP** **15** 进入（3）号材质的漫反射贴图层级面板，在"坐标"卷展栏中设置"瓷砖"的 UV 为 1 和 3，如图 7-70 所示。

**STEP** **16** 可以复制模型，如图 7-71 所示。

图 7-70

图 7-71

# 7.4 贴图类型

对于纹理较为复杂的材质，用户一般都会采用贴图来实现。贴图能在不增加物体复杂程度的基础上增加物体的细节，提高材质的真实性。

## 7.4.1 贴图坐标

贴图在空间上是有方向的，当为对象指定一个二维贴图材质时，对象必须使用贴图坐标。贴图坐标指明了贴图投射到材质上的方向，以及是否被重复平铺或镜像等。它使用 UVW 坐标轴的方式来指明对象的方向。

在贴图通道中选择纹理贴图后，材质编辑器会进入纹理贴图的编辑参数，二维贴图与三维贴图的参数窗口非常相似，大部分参数都相同，如图 7-72 所示。下图分别是"位图"和"凹痕"贴图的编辑参数。

图 7-72

- 偏移：用于在选择的坐标平面中移动贴图的位置。
- 瓷砖：用于设置沿着所选坐标方向上贴图被平铺的次数。
- 镜像：用于设置是否沿着所选坐标轴镜像贴图。
- 瓷砖复选框：激活时表示禁用贴图平铺。
- 角度：用于设置贴图沿着各个坐标轴方向旋转的角度。
- UV > VW > WU：用于选择 2D 贴图的坐标平面，默认为 UV 平面，VW 和 WU 平面都与对象表面垂直。
- 模糊：根据贴图与视图的距离来模糊贴图。
- 模糊偏移：用于对贴图增加模糊效果，但是它与距离视图远近没有关系。
- 旋转：单击此按钮，打开一个"旋转贴图"对话框，可以对贴图的旋转进行控制。

通过贴图坐标参数的修改，可以使贴图在形态上发生改变。

### 7.4.2 二维贴图

二维贴图是使用二维的图像贴在物体表面或使用环境贴图为场景创建背景图像的，其他二维贴图都属于程序贴图。程序贴图是由计算机生成的贴图图像效果。

#### 1."位图"贴图

"位图"贴图是最简单的，也是最常用的二维贴图。它是在物体表面形成一个平面的图案。位图支持包括 JPG、TIF、TGA、BMP 的静帧图像以及 AVI、FLC、FLI 等动画文件。

单击 （材质编辑器）按钮，打开材质编辑器，在"贴图"卷展栏中单击"漫反射颜色"右侧的"None"按钮，在弹出的"材质 / 贴图浏览器"窗口中选择"位图"贴图，弹出"选择位图图像文件"窗口，从中查找贴图，打开后进入"位图"的参数控制面板，如图 7-73 所示。

- 位图：用于设定一个位图，选择的位图文件名称将出现在按钮上面。需要改变位图文件也可单击该按钮重新选择。
- 重新加载：单击此按钮，将重新载入所选的位图文件。

"过滤"选项组用于选择对位图应用反走样的计算方法。有"四棱锥""总面积"和"无"可以选择。"总面积"选项要求更多的内存，但是会产生更好的效果。

图 7-73

"RGB 通道输出"选项组使位图贴图的 RGB 通道是彩色的。Alpha 作为灰度选项是基于 Alpha 通道显示灰度级色调。

"Alpha 来源"选项组用于控制在输出 Alpha 通道组中的 Alpha 通道的来源。

- 图像 Alpha：以位图自带的 Alpha 通道作为来源。

- RGB 强度：将位图中的颜色转换为灰度色调值，并将它们用于透明度。黑色为透明，白色为不透明。

- 无（不透明）：不适用不透明度。

"裁剪 / 放置"选项组用于裁剪或放置图像的尺寸。裁剪也就是选择图像的一部分区域，它不会改变图像的缩放。放置是在保持图像完整的同时进行缩放。裁剪和放置只对贴图有效，并不会影响图像本身。

- 应用：用于启用 / 禁用裁剪或放置设置。

- 查看图像：单击此按钮，将打开一个虚拟缓冲器，用于显示和编辑要裁剪或放置的图像，如图 7-74 所示。

- 裁剪：选中时，表示对图像进行裁剪操作。

- 放置：选中时，表示对图像进行放置操作。

- U/V：用于调节图像的坐标位置。

- W/H：用于调节图像或裁剪区的宽度和高度。

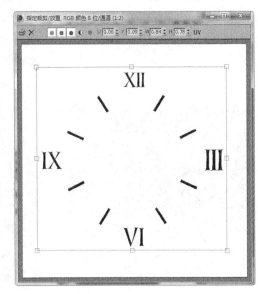

图 7-74

- 抖动放置：当选中放置时，它使用一个随机值来设定放置图像的位置，在虚拟缓冲器窗口中设置的值将被忽略。

### 2. "棋盘格"贴图

该贴图类型是一种程序贴图，可以生成两种颜色的方格图像，如果使用了重复平铺，则与棋盘相似，如图 7-75 所示。

打开材质编辑器，在"漫反射颜色"贴图通道中选择"棋盘格"贴图，进入参数面板，如图 7-76 所示。

图 7-75

图 7-76

棋盘格贴图的参数非常简单，可以自定义颜色和贴图。

- 柔化：用于模糊柔和方格之间的边界。

- 交换：用于交换两种方格的颜色。使用后面的颜色样本可以为方格设置颜色，还可以单击后面的按钮来为每个方格指定贴图。

### 3.  "渐变" 贴图

该贴图类型可以混合 3 种颜色以形成渐变效果，如图 7-77 所示。

打开材质编辑器，在 "漫反射颜色" 贴图通道中选择 "渐变" 贴图，进入渐变参数面板，如图 7-78 所示。

图 7-77                          图 7-78

- 颜色 #1 ～ 3：用于设置渐变所需的 3 种颜色，也可以为它们指定一个贴图。颜色 #2 用于设置两种颜色之间的过渡色。
- 颜色 2 位置：用于设定颜色 2（中间颜色）的位置，取值范围为 0 ～ 1.0。当值为 0 时，颜色 2 取代颜色 3；当值为 1 时，颜色 2 取代颜色 1。
- 渐变类型：用于设定渐变是线性方式还是从中心向外的放射方式。

"噪波" 选项组：用于应用噪波效果。

- 数量：当值大于 0 时，给渐变添加一个噪波效果。有规则、分形和湍流 3 种类型可以选择。
- 大小：用于缩放噪波的效果。"相位" 控制设置动画时噪波变化的速度，"级别" 设定噪波函数应用的次数。

"噪波阈值" 选项组用于在高与低中设置噪波函数值的界限，平滑参数使噪波变化更光滑，值为 "0" 表示没有使用光滑。

## 7.4.3  三维贴图

三维贴图属于三维程序贴图，它是由数学算法生成的，属于这一类的贴图类型最多，在三维空间中贴图时使用最频繁。当投影共线时，它们紧贴对象并且不会像二维贴图那样发生褶皱，而是均匀覆盖一个表面。如果对象被切掉一部分，贴图会沿着剪切的边对齐。

下面就来介绍几种常用的三维贴图。

### 1.  "衰减" 贴图

该贴图类型用于表现颜色的衰减效果。"衰减" 贴图定义了一个灰度值，是以被赋予材质的对象表面的法线角度为起点渐变的。通常把 "衰减" 贴图用在 "不透明度" 贴图通道，用于对对象的不透明程度进行控制，如图 7-79 所示。

选择 "衰减" 贴图后，材质编辑器中会显示衰减贴图的参数卷展栏，如图 7-80 所示。

图 7-79

图 7-80

"衰减参数"卷展栏：两个颜色样本用于设置进行衰减的两种颜色，当选择不同的衰减类型时，其代表的意思也不同。在后面的数值框中可设定颜色的强度，还可以为每种颜色指定纹理贴图。

- 衰减类型：用于选择衰减类型，包括朝向 / 背离、垂直 / 平行、Fresnel（基于折射率）、阴影 / 灯光和距离混合，如图 7-81 所示。
- 衰减方向：用于选择衰减的方向，包括查看方向（摄影机 $Z$ 轴）、摄像机 $X/Y$ 轴、对象、局部 $X/Y/Z$ 轴和世界 $X/Y/Z$ 轴等，如图 7-82 所示。

"混合曲线"卷展栏用于精确地控制衰减所产生的渐变，如图 7-83 所示。

图 7-81

图 7-82

图 7-83

在混合曲线控制器中可以为渐变曲线增加控制点和移动控制点位置等，它与其他曲线控制器的操作方法相同。

## 2."噪波"贴图

该贴图类型可以使物体表面产生起伏而不规则的噪波效果，在建模中经常会在"凹凸"贴图通道中使用，如图 7-84 所示。

在贴图通道中选择"噪波"贴图后，材质编辑器中会显示噪波的参数卷展栏，如图 7-85 所示。

图 7-84

图 7-85

- 噪波类型：分为规则、分形和湍流 3 种类型，如图 7-86 所示。

（a）规则　　　　　　　（b）分形　　　　　　　（c）湍流

图 7-86

- 噪波阈值：通过高 / 低值来控制两种颜色的限制。
- 大小：用于控制噪波的大小。
- 级别：用于控制分形运算时迭代的次数，数值越大，噪波越复杂。
- 颜色 #1/2：用于分别设置噪波的两种颜色，也可以指定为两个纹理贴图。

在其他纹理贴图的参数卷展栏中都会有噪波的参数。可见，噪波是一种非常重要的贴图类型。

## 7.4.4 "反射和折射"贴图

该贴图类型用于处理反射和折射效果，包括平面镜贴图、光线追踪贴图、反射 / 折射贴图和薄壁折射贴图等。每一种贴图都有其明确的用途。

下面介绍几种常用的反射和折射贴图。

### 1."光线追踪"贴图

该贴图类型可以创建出很好的光线反射和折射的效果，其原理与光线跟踪材质相似，渲染速度要比光线跟踪材质快，但相对于其他材质贴图来说，速度还是比较慢的。

使用光线追踪贴图，可以比较准确地模拟出真实世界中的反射和折射效果，如图 7-87 所示。

在建模中，为了模拟反射和折射效果，通常会在"反射"贴图通道或"折射"贴图通道中使用光线追踪贴图。选择光线追踪贴图后，材质编辑器中会显示光线追踪贴图的参数卷展栏，如图 7-88 所示。

图 7-87　　　　　　　　　　　　　　　　　图 7-88

"局部选项"选项组。

- 启用光线跟踪：打开或关闭光线追踪。
- 光线跟踪大气：设置是否打开大气的光线追踪效果。
- 启用自反射 / 折射：是否打开对象自身反射和折射。
- 反射 / 折射材质 ID：选中时，此反射折射效果被指定到材质 ID 号上。

"跟踪模式"选项组。

- 自动检测：如果贴图指定到材质的反射贴图通道，光线追踪器将反射光线。如果贴图指定到材质的折射贴图通道，光线追踪器将折射光线。如果贴图指定到材质的其他贴图通道，则需要手动选择是反射光线还是折射光线。
- 反射：从对象的表面投射反射光线。
- 折射：从对象的表面向里投射折射光线。

"背景"选项组。

- 使用环境设置：选中时，在当前场景中考虑环境的设置。也可以使用图 7-88 中下面的颜色样本和贴图按钮来设置一种颜色或一个贴图来替代环境设置。

### 2. "反射/折射"贴图

该贴图能够创建在对象上反射和折射另一个对象影子的效果。它从对象的每个轴产生渲染图像，就像立方体的一个表面上的图像，然后把这些被称为立方体贴图的渲染图像投影到对象上，如图 7-89 所示。

在建模中，要创建反射效果，可以在"反射"贴图通道中选择"反射/折射"贴图，要创建折射效果，可以在"折射"贴图通道中选择"反射/折射"贴图。

在贴图通道中选择"反射/折射"贴图后，材质编辑器中会显示"反射/折射"的参数卷展栏，如图 7-90 所示。

图 7-89

图 7-90

"来源"选项组：选择立方体贴图的来源。

- 自动：可以自动生成这些从 6 个对象轴渲染的图像。
- 从文件：可以从 6 个文件中载入渲染的图像，这将激活"从文件"选项组中的按钮，可以使用它们载入相应方向的渲染图像。
- 大小：设置反射/折射贴图的尺寸，默认值为 100。
- 使用环境贴图：该复选框未被选中时，在渲染反射/折射贴图时将忽略背景贴图。

"模糊"选项组：对反射/折射贴图应用模糊效果。

- 模糊偏移：用于模糊整个贴图效果。
- 模糊：基于距离对象的远近来模糊贴图。

"大气范围"选项组：如果场景中包括环境雾，为了正确地渲染出雾效果，必须指定在"近"和"远"参数中设定距对象的近范围和远范围，还可以单击"取自摄影机"按钮来使用一个摄影机中设定的远近大气范围设置。

"自动"选项组：只有在来源选项组中选择"自动"单选按钮时，才处于可用状态。

- 仅第一帧：使渲染器自动生成在第一帧的反射／折射贴图。
- 每 N 帧：使渲染器每隔 N 帧自动渲染反射／折射贴图。

### 7.4.5 合成贴图

合成贴图是指将不同颜色或贴图合成跟踪一起的一类贴图。在进行图像处理时，合成贴图能够将两种或更多的图像按指定方式结合在一起。

#### 1."合成"贴图

"合成"贴图类型由其他贴图组成，并且可使用 Alpha 通道和其他方法将某层置于其他层之上。对于此类贴图，可使用已含 Alpha 通道的叠加图像，或使用内置遮罩工具仅叠加贴图中的某些部分。

"合成层"卷展栏中的选项功能介绍如下（如图 7-91 所示）。

总层数：数值字段会显示贴图层数。要在层堆栈的顶部添加层，可单击 ⬚（添加新层）按钮。

"层"卷展栏中的选项功能介绍如下。

- 📷（隐藏该层）：启用此按钮后，层将处于隐藏状态，并且不影响输出。
- 🔳（对该纹理进行颜色校正）：将颜色修正贴图应用到贴图上，并打开颜色修正贴图界面。可使用其控件修改贴图颜色。
- 🗑（删除该层）：删除该层。
- 🔲（重命名该层）：打开对话框命名或重命名该层。
- 🗐（复制该层）：创建层的精确副本，并将其插入到最接近层的位置。
- 不透明度：层未遮罩部分的相对透明度。
- 无：左侧的"无"为贴图按钮，右侧的"无"为指定遮罩贴图的按钮。

图 7-91

- 混合模式：使用下拉列表框可选择层像素与基本层中层像素的交互方式。这里大家可以试着自己调试，具体效果这里就不一一说明了。

#### 2."遮罩"贴图

使用"遮罩"贴图，可以在曲面上通过一种材质查看另一种材质。遮罩控制应用到曲面的第二个贴图的位置，如图 7-92 所示。

"遮罩参数"卷展栏中的选项功能介绍如下（如图 7-93 所示）。

图 7-92

图 7-93

- 贴图：选择或创建要通过遮罩查看的贴图。
- 遮罩：选择或创建用做遮罩的贴图。
- 反转遮罩：反转遮罩的效果。

### 3. "混合"贴图

通过"混合"贴图可以将两种颜色或材质合成在曲面的一侧，也可以将"混合量"参数设为动画，然后绘制出使用变形功能曲线的贴图，来控制两个贴图随时间混合的方式。如图 7-94 所示，左侧和中间的图像为混合的图像，右侧的为设置"混合量"为 50% 后的图像效果。

"混合参数"卷展栏中的选项功能介绍如下（如图 7-95 所示）。

图 7-94

图 7-95

- 交换：交换两种颜色或贴图。
- 颜色 #1、颜色 #2：显示颜色选择器来选中要混合的两种颜色。
- 贴图：选中或创建要混合的位图或者程序贴图来替换每种颜色。
- 混合量：确定混合的比例。其值为 0 时意味着只有"颜色 #1"在曲面上可见，其值为 1 时意味着只有"颜色 #2"为可见。也可以使用贴图而不是混合值。两种颜色会根据贴图的强度进行相应程度的混合。

混合曲线：这些参数控制要混合的两种颜色间变换的渐变或清晰程度。

- 使用曲线：确定"混合曲线"是否对混合产生影响。
- 上部、下部：调整上限和下限的级别。如果两个值相等，两个材质会在一个明确的边上相接。加宽的范围提供更渐变的混合。

### 7.4.6　课堂案例——制作木纹材质

**⊕ 案例学习目标**

学习使用光线跟踪材质和位图贴图。

**⊕ 案例知识要点**

为木纹材质设置为光线跟踪材质，并为漫反射指定位图贴图，如图 7-96 所示。

**⊕ 原始场景所在位置**

资源包 / 场景 /cha07/ 木纹材质 o.max。

**⊕ 效果图场景所在位置**

资源包 / 场景 /cha07/ 木纹材质 ok.max。

**⊕ 贴图所在位置**

资源包 / 贴图。

制作木纹材质

图 7-96

**STEP** 打开原始场景文件，如图 7-97 所示。

**STEP** 在场景中选择洗脚桶模型，打开材质编辑器，选择一个新的材质样本球，将材质转换为"光线跟踪"材质，在"光线跟踪基本参数"卷展栏中设置"反射"的红绿蓝为 5、5、5，在"反射高光"组中设置"高光级别"为 50、"光泽度"为 40，如图 7-98 所示。

图 7-97

图 7-98

**STEP** 在"光线跟踪基本参数"卷展栏中单击"漫反射"后的灰色按钮，在弹出的"材质 / 贴图浏览器"中选择"位图"贴图，贴图为"1115914416.jpg"文件，如图 7-99 所示。

**STEP** 将材质指定给场景中的洗脚桶和桶盖模型，为两个模型施加"UVW 贴图"修改器，在"参数"卷展栏中选择"贴图"类型为"长方体"，设置"长度"为 300、"宽度"为 300、"高度"为 300，如图 7-100 所示。

图 7-99

图 7-100

## 7.4.7　UVW 贴图

对纹理贴图的坐标进行编辑，还有一个更快捷、直观的方法——"UVW 贴图"命令，这个命令可以为贴图坐标的设定带来更多的灵活性。

在建模中会经常遇到这样的问题：同一种材质要赋予不同的物体，要根据物体的不同形态调整材质的贴图坐标。由于材质球数量有限，不可能按照物体的数量分别编辑材质，这时就要使用"UVW 贴图"对物体的贴图坐标进行编辑。

"UVW 贴图"属于修改命令的一种，在修改命令的下拉列表框中就可以选择使用。首先在视图中创建一个物体，赋予物体材质贴图，然后在修改命令面板中选择"UVW 贴图"，其参数如图 7-101 所示。

图 7-101

贴图类型用于确定如何给对象应用 UVW 坐标，共有 7 个选项。

- 平面：该贴图类型以平面投影方式向对象上贴图。它适用于平面的表面，如纸和墙等。

- 柱形：此贴图类型使用圆柱投影方式向对象上贴图，如螺丝钉、钢笔、电话筒和药瓶等都适用于圆柱贴图。选择"封口"复选框，圆柱的顶面和底面放置的是平面贴图投影。

- 球形：该类型围绕对象以球形投影方式贴图，会产生接缝。在接缝处，贴图的边汇合在一起。

- 收缩包裹：像球形贴图一样，它使用球形方式向对象投影贴图，但是收缩包裹将贴图所有的角拉到一个点，消除了接缝，只产生一个奇异点。

- 长方体：以 6 个面的方式向对象投影。每个面是一个"平面"贴图。面法线决定不规则表面上贴图的偏移。

- 面：该类型为对象的每一个面应用一个平面贴图。其贴图效果与几何体面的多少有很大关系。

- XYZ 到 UVW：此类贴图设计用于三维贴图，可以使三维贴图"粘贴"在对象的表面上。此种贴图方式的作用是使纹理和表面相配合，表面拉长，贴图也会随之拉长。

- 长度、宽度、高度：分别指定代表贴图坐标的 Gizmo 物体的尺寸。

- U/V/W 向平铺：用于分别设置 3 个方向上贴图的重复次数。

- 翻转：将贴图方向进行前后翻转。

系统为每个物体提供了 99 个贴图通道，默认使用通道 1。使用此选项组，可将贴图发送到任意一个通道中。通过通道，用户可以为一个表面设置多个不同的贴图。

- 贴图通道：设置使用的贴图通道。

- 顶点颜色通道：指定点使用的通道。

单击修改命令堆栈中"UVW 贴图"命令左侧的加号图标█，可以选择"UVW 贴图"命令的子层级命令，如图 7-102 所示。

"Gizmo"套框命令可以在视图中对贴图坐标进行调节，将纹理贴图接缝处的贴图坐标对齐。启用该子命令后，物体上会显示黄色的套框。

利用移动、旋转和缩放工具都可以对贴图坐标进行调整，套框也会随之改变，如图 7-103 所示。

图 7-102

图 7-103

# 7.5 课堂练习——设置金属漆

**练习知识要点**

使用光线跟踪材质设置环境光和漫反射以及反射来设置金属漆，如图 7-104 所示。

**场景所在位置**

资源包 / 场景 /cha07/ 金属漆 .max。

图 7-104

设置金属漆

# 7.6 课后习题——设置金属材质

### 习题知识要点

使用光线跟踪材质来完成金属效果的模拟，如图 7-105 所示。

### 场景所在位置

资源包 / 场景 /cha07/ 不锈钢 .max。

图 7-105

设置金属材质

Chapter

**8**

# 第8章
# 灯光和摄像机及环境
# 特效的使用

本章将重点介绍3ds Max 2014的灯光系统，并重点介绍标准灯光的使用方法和参数设置，以及对灯光特效的设置方法。读者通过学习本章的内容，要掌握标准灯光的使用方法，能够根据场景的实际情况进行灯光设置。

## 课堂学习目标

- 熟练掌握摄影机的使用及特效的设置方法
- 熟练掌握标准灯光的创建和参数设置
- 熟练掌握天光灯光特效的设置方法

# 8.1 摄影机的使用及特效

摄影机是制作三维场景不可缺少的重要工具，就像场景中不能没有灯光一样。3ds Max 2014 中的摄影机与现实生活中使用的摄影机十分相似。可以自由调整摄影机的视角和位置，还可以利用摄影机的移动制作浏览动画。系统还提供了景深和运动模糊等特殊效果的制作。

## 8.1.1 摄影机的创建

3ds Max 2014 中提供了两种摄影机，即"目标"摄影机和"自由"摄影机。与前面章节中介绍的灯光相似，下面对这两种摄影机进行介绍。

### 1. 目标摄影机

目标摄影机会查看在创建该摄影机时所放置的目标图标周围的区域。目标摄影机比自由摄影机更容易定向，因为只需将目标点定位在所需位置的中心。

目标摄影机的创建方法与目标聚光灯相同，单击"　（创建）> 　（摄影机）> 标准 > 目标"按钮，在视图中按住鼠标左键不放并拖曳光标，在合适的位置松开鼠标左键即完成创建，如图 8-1 所示。

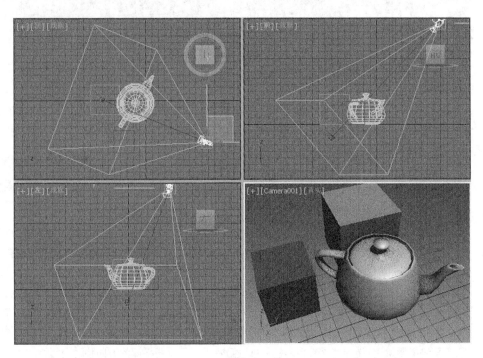

图 8-1

### 2. 自由摄影机

自由摄影机是在摄影机指向的方向查看区域。与目标摄影机不同，它有两个用于目标和摄影机的独立图标，自由摄影机由单个图标表示，为的是更轻松地设置动画。自由摄影机可以绑定在运动目标上，随目标在运动轨迹上一起运动，还可以进行跟随和倾斜。自由摄影机适合处理游走拍摄和基于路径的动画。

自由摄影机的创建方法与自由聚光灯相同，单击"　（创建）> 　（摄影机）> 标准 > 自由"按钮，直接在视图中单击鼠标左键即可完成创建，如图 8-2 所示，在创建时应该选择合适的视图。

图8-2

### 3. 视图控制工具

创建摄影机后，在任意一个视图中按 C 键，即可将该视图转换为当前摄影机视图，此时视图控制区的视图控制工具也会转换为摄影机视图控制工具，如图 8-3 所示。这些视图控制工具是专用于摄影机视图的，如果激活其他视图，控制工具就会转换为标准工具。

- （推拉摄影机）：只将摄影机移向或移离目标。如果移过目标，摄影机将翻转 180° 并且移离目标。

- （透视）：移动摄影机使其靠近目标点，同时改变摄影机的透视效果，从而导致镜头长度的变化。

图8-3

- （侧滚摄影机）：激活该按钮可以使目标摄影机围绕其视线旋转目标摄影机，可以使自由摄影机围绕其局部 Z 轴旋转自由摄影机。

- （视野）：调整视口中可见场景的数量和透视张角量。更改视野与更改摄影机上的镜头的效果相似。视野越大，就可以看到更多的场景，而透视会扭曲，这与使用广角镜头相似；视野越小，看到的场景就越少，而透视会展平，这与使用长焦镜头类似。摄影机的位置不发生改变。

- （平移摄影机）：使用"平移摄影机"可以沿着平行于视图平面的方向移动摄影机。

- （穿行）：使用"穿行"可通过按下包括箭头方向键在内的一组快捷键，在视口中移动。在进入穿行导航模式之后，指针将改变为中空圆环，并在按下某个方向键（前、后、左或右）时显示方向箭头。这一特性可用于"透视"和"摄影机"视图。

- （环游摄影机）：使目标摄影机围绕其目标旋转。自由摄影机使用不可见的目标，其设置为在摄影机"参数"卷展栏中指定的目标距离。

- （摇移摄影机）：使目标围绕其目标摄影机旋转。对于自由摄影机，将围绕局部轴旋转摄影机。

### 8.1.2 摄影机的参数

目标摄影机和自由摄影机的参数相同，摄影机创建后就被指定了默认的参数，但是在实际工作中经常需要改变这些参数。摄影机的参数面板如图 8-4 所示。

### 1. "参数"卷展栏

- 镜头：以毫米为单位设置摄影机的焦距。使用"镜头"微调器来指定焦距值，而不是指定在"备用镜头"组框中按钮上的预设"备用"值。

- 视野：设定摄影机的视野角度。系统的默认值为 45°，是摄影机视锥的水平角，接近人眼的聚焦角度。按钮中还有另外的隐藏按钮：↕（垂直）和 ⤢（对角），用于控制视野角度值的显示方式。

- 正交投影：选中该复选框后，摄影机会以正面投影的角度面对物体进行拍摄。

"备用镜头"选项组提供了 9 种常用镜头供快速选择，只要单击它们，就可以选择要使用的镜头。

图 8-4

- 类型：可以自由转换摄影机的类型，将目标摄影机转换成自由摄影机，也可以将自由摄影机转换成目标摄影机。

- 显示圆锥体：选中该复选框，即使取消了这个摄影机的选定，在视图中也能够显示摄影机视野的锥形区域。

- 显示地平线：选中该复选框，在摄影机视图中会显示一条黑色的线来表示地平线，它只在摄影机视图中显示。

"剪切平面"选项组。剪切平面是平行于摄影机镜头的矩形平面，以红色带交叉的矩形表示。它用于设置 3ds Max 2014 中渲染对象的范围，在范围外的对象不会被渲染。

- 手动剪切：选中该复选框，使用"近距 / 远距剪切"的数值控制水平面的剪切。未选中该复选框，距离摄影机 3 个单位内的对象将不被渲染和显示。

- 近距 / 远距剪切：分别用于设置近距离剪切平面和远距离剪切平面到摄影机的距离。

"多过程效果"选项组参数可以对同一帧进行多次渲染。这样可以准确地渲染景深和运动模糊效果。

- 启用：选中该复选框，将激活多过程渲染效果和"预览"按钮。

- 预览：将在摄影机视图中预览多过程效果。

- 景深效果下拉列表框：有景深（mental ray/iray）、景深和运动模糊 3 种镜头效果选择，默认使用景深效果。

- 渲染每过程效果：如果选中该复选框，则每边都渲染如辉光等特殊效果。该选项适用于景深和运动模糊效果。

- 目标距离：指定摄影机到目标点的距离。可以通过改变这个距离，使目标点靠近或者远离摄影机。

### 2. "景深参数"卷展栏

该卷展栏中的参数用于调整摄影机镜头的景深效果。景深是摄影机中一个非常有用的工具，可以在渲染时突出某个物体。参数面板如图 8-5 所示。

"采样"选项组用于设置图像的最后质量。

- 显示过程：启用此选项后，渲染帧窗口显示多个渲染通道；禁用此选项后，该帧窗口只显示最终结果。此控件对于在摄影机视口中预览景深无效。默认设置为启用。

- 使用初始位置：选中该复选框，多次渲染中的第一次渲染将从摄影机的当前位置开始。

- 过程总数：设置多次渲染的总次数。数值越大，渲染次数越多，渲染时间就越长，最后得到的图像质量就越高，默认值为 12。

图 8-5

- 采样半径：设置摄影机从原始半径移动的距离。每次渲染时稍微移动摄影机，就可以获得景深的效果。数值越大，摄影机移动越大，创建的景深就越明显。
- 采样偏移：决定如何在每次渲染中移动摄影机。该数值越小，摄影机偏离原始点就越少；该数值越大，摄影机偏离原始点就越多。默认值为 0.5。

"过程混合"选项组。当多次渲染摄影机效果时，渲染器将轻微抖动每次的渲染结果，以便混合每次的渲染。

- 规格化权重：选中该复选框，每次混合都使用规格化的权重，景深效果比较平滑。
- 抖动强度：抖动是通过混合不同颜色和像素来模拟颜色或者混合图像。
- 平铺大小：设置在每次渲染中抖动图案的大小，它是一个百分比值，默认值为 32。

"扫描线渲染器参数"选项组的参数可以取消多次渲染的过滤和反走样，从而加快渲染的时间。

- 禁用过滤：选中该复选框，将取消多次渲染时的过滤。
- 禁用抗锯齿：选中该复选框，将取消多次渲染时的反走样。

### 8.1.3 课堂案例——制作景深特效

**⊕ 案例学习目标**

学习使用摄影机镜头的景深效果。

**⊕ 案例知识要点**

通过对原始场景文件调整摄影机镜头来设置景深效果，如图 8-6 所示。

**⊕ 原始场景所在位置**

资源包 / 场景 /cha08/ 景深特效 o.max。

**⊕ 效果图场景所在位置**

资源包 / 场景 /cha08/ 景深特效 ok.max。

**⊕ 贴图所在位置**

资源包 / 贴图。

制作景深特效

图 8-6

**STEP 1** 首先打开原始场景文件，如图 8-7 所示。

**STEP 2** 选择摄影机，切换到 （修改）命令面板，在"参数"卷展栏中勾选"多过程效果"中的"启用"选项，选择多过程效果为"景深"，如图 8-8 所示。

图 8-7                                              图 8-8

**STEP 3** 单击 （渲染产品）按钮，对"摄影机"视图进行渲染，渲染画面会由暗变亮，渲染效果如图 8-9 所示。

**STEP 4** 如果觉得景深效果不够明显，可以将"景深参数"卷展栏中"采样半径"的数值变大。单击"参数"卷展栏中的"预览"按钮，摄影机视图会发生抖动并产生景深效果。单击 （渲染产品）按钮，对"摄影机"视图进行渲染，效果如图 8-10 所示。

图 8-9

图 8-10

# 8.2 灯光的使用和特效

灯光的重要作用是为了配合场景营造气氛，所以应该和所照射的物体一起渲染来体现效果。如果将暖色的光照射在冷色调的场景中，就会让人感到不舒服。

## 8.2.1 标准灯光

3ds Max 2014 中的灯光可分为标准和光度学两种类型。标准灯光是3ds Max 2014 的传统灯光。系统提供了 8 种标准灯光，分别是目标聚光灯、自由聚光灯、目标平行光、自由平行光、泛光、天光、mr Area Omni（mr 区域泛光灯）和 mr Area Spot（mr 区域聚光灯），如图 8-11 所示。

图 8-11

下面分别对标准灯光进行简单介绍。

### 1. 标准灯光的创建

标准灯光的创建比较简单，直接在视图中拖曳、单击鼠标就可完成创建。

目标聚光灯和目标平行光的创建方法相同，在创建命令面板中单击"创建"按钮后，在视图中按住鼠标左键不放并进行拖曳，在合适的位置松开鼠标左键即完成创建。在创建过程中，移动光标可以改变目标点的位置。创建完成后，还可以单独选择光源和目标点，利用移动和旋转工具改变位置和角度。

其他类型的标准灯光只需单击"创建"按钮后，在视图中单击鼠标左键即可完成创建。

### 2."目标聚光灯"和"自由聚光灯"

聚光灯是一种有方向的光源，类似于舞台上的强光灯。它可以准确控制光束的大小、焦点、角度，是建模中经常使用的光源，如图 8-12 所示。

图 8-12

- 目标聚光灯：可以向移动目标点投射光，具有照射焦点和方向性，如图 8-13 所示。
- 自由聚光灯：功能和目标聚光灯一样，只是没有定位的目标点，光是沿着一个固定的方向照射的，如图 8-14 所示。自由聚光灯常用于动画制作中。

### 3."目标平行光"和"自由平行光"

平行光可以在一个方向上发射平行的光源，与物体之间没有距离的限制，主要用于模拟太阳光。用户可以调整光的颜色、角度和位置的参数。

目标平行光和自由平行光没有太大的区别，当需要光线沿路径移动时，应该使用目标平行光；当光源位置不固定时，应该使用自由平行光。两种灯光的形态如图 8-15 所示。

图 8-13　　　　　　　　　图 8-14　　　　　　　　　图 8-15

### 4. 泛光

泛光灯是一种点光源，向各个方向发射光线，能照亮所有面向它的对象，如图 8-16 所示。通常，泛光灯用于模拟点光源或者作为辅助光在场景中添加充足的光照效果。

图 8-16

### 5. 天光

天光能够创建出一种全局光照效果，配合光能传递渲染功能，可以创建出非常自然、柔和的渲染效果。天光没有明确的方向，就好像一个覆盖整个场景很大的半球发出的光，能从各个角度照射场景中的物体，如图 8-17 所示。

图 8-17

### 8.2.2 标准灯光的参数

标准灯光的参数大部分都是相同或相似的，只有天光具有自身的修改参数，但比较简单。下面就以目标聚光灯的参数为例，介绍标准灯光的参数。

在创建命令面板中单击" ■ （创建）> ◣ （灯光）> 标准 > 目标聚光灯"按钮，在视图中创建一盏目标聚光灯，单击 ▨ （修改）按钮切换到修改命令面板，修改命令面板中会显示出目标聚光灯的修改参数，如图 8-18 所示。

图 8-18

#### 1. "常规参数"卷展栏

该卷展栏是所有类型的灯光共有的，用于设定灯光的开启和关闭、灯光的阴影，包含或排除对象以及灯光阴影的类型等，如图 8-19 所示。

"灯光类型"选项组。

- 启用：勾选该复选框，灯光被打开；未选定时，灯光被关闭。被关闭的灯光的图标在场景中用黑色表示。
- 灯光类型下拉列表框：使用该下拉列表框可以改变当前灯光的类型，包括"聚光灯""平行光"和"泛光"3 种类型。改变灯光类型后，灯光所特有的参数也将随之改变。
- 目标：勾选该复选框，则为灯光设定目标。灯光及其目标之间的距离显示在复选框的右侧。对于自由光，可以自行设定该值；而对于目标光，则可通过移动灯光、灯光的目标物体或关闭该复选框来改变值的大小。

图 8-19

"阴影"选项组。

- 启用：用于开启和关闭灯光产生的阴影。在渲染时，可以决定是否对阴影进行渲染。
- 使用全局设置：该复选框用于指定阴影是使用局部参数还是全局参数。开启该复选框，则其他有关阴影设置的值将采用场景中默认的全局统一的参数设置，如果修改了其中一个使用该设置的灯光，则场景中所有使用该设置的灯光都会相应地改变。
- 阴影类型下拉列表框：在 3ds Max 2014 中产生的阴影类型 5 种，分别是高级光线跟踪、mental ray 阴影贴图、区域阴影、阴影贴图和光线跟踪阴影，如图 8-20 所示。
- 阴影贴图：产生一个假的阴影，它从灯光的角度计算产生阴影对象的投影，然后将它投影到后面的对象上。优点是渲染速度较快，阴影的边界较柔和；缺点是阴影不真实，不能反映透明效果，效果如图 8-21 所示。
- 光线跟踪阴影：可以产生真实的阴影。它在计算阴影时考虑对象的材质和物理属性，缺点是计算量较大。效果如图 8-22 所示。

图 8-20

图 8-21

图 8-22

以上介绍的参数基本上都是建模中比较常用的。灯光亮度的调节、阴影的设置、灯光物体摆放的位置等设置技巧需要多加练习，才能熟练掌握。

- 高级光线跟踪：是光线跟踪阴影的改进，拥有更多详细的参数调节。
- mental ray 阴影贴图：是由 mental ray 渲染器生成的位图阴影，这种阴影没有高级光线跟踪阴影精确，但计算时间较短。
- 区域阴影：可以模拟面积光或体积光所产生的阴影，是模拟真实光照效果的必备功能。
- 排除：该按钮用于设置灯光是否照射某个对象，或者是否使某个对象产生阴影。单击该按钮，会弹出"排除 / 包含"对话框，如图 8-23 所示。

图 8-23

在"排除 / 包含"对话框左边窗口中选择要排除的物体后，单击 >> 按钮即可，如果要撤销对物体的排除，则在右边的窗口中选择该物体，单击 << 按钮即可。

### 2."强度 / 颜色 / 衰减"卷展栏

该卷展栏用于设定灯光的强弱、颜色以及灯光的衰减参数，参数面板如图8-24所示。

- 倍增：类似于灯的调光器。倍增器的值小于 1 时减小光的亮度，大于 1 时增加光的亮度。当倍增器为负值时，可以从场景中减去亮度。
- 颜色选择器：位于倍增的右侧，可以从中设置灯光的颜色。

图 8-24

"衰退"选项组用于设置灯光的衰减方法。

- 类型：用于设置灯光的衰减类型，共包括 3 种衰减类型：无、倒数和平方反比。默认为无，不会产生衰减；倒数类型使光从光源处开始线性衰减，距离越远，光的强度越弱；平方反比类型按照离光源距离的平方比倒数进行衰减，这种类型最接近真实世界的光照特性。
- 开始：用于设置距离光源多远开始进行衰减。
- 显示：在视图中显示衰减开始的位置，它在光锥中用绿色圆弧来表示。

"近距衰减"选项组用于设定灯光亮度开始减弱的距离，如图 8-25 所示。

图 8-25

- 开始和结束："开始"设定灯光从亮度为 0 开始逐渐显示的位置，在光源到开始之间，灯光的亮度为 0。从"开始"到"结束"，灯光亮度逐渐增强到设定的亮度。在"结束"以外，灯光保持设定的亮度和颜色。
- 使用：开启或关闭衰减效果。
- 显示：在场景视图中显示衰减范围。灯光以及参数的设定改变后，衰减范围的形状也会随之改变。

"远距衰减"选项组用于设定灯光亮度减弱为 0 的距离，如图 8-26 所示。

图 8-26

- 开始和结束："开始"设定灯光开始从亮度为初始设定值逐渐减弱的位置，在光源到开始之间，灯光的亮度设定为初始亮度和颜色。从"开始"到"结束"，灯光亮度逐渐减弱到 0。在"结束"以外，灯光亮度为 0。

### 3. "聚光灯参数"卷展栏

该卷展栏用于控制聚光灯的"聚光区 / 光束"和"衰减区 / 区域"等，是聚光灯特有的参数卷展栏，如图 8-27 所示。

"光锥"选项组用于对聚光灯照明的锥形区域进行设定。

- 显示光锥：该复选框用于控制是否显示灯光的范围框。选择该复选框后，即使聚光灯未被选择，也会显示灯光的范围框。
- 泛光化：选择该复选框后，聚光灯可以作为泛光灯使用，但阴影和阴影贴图仍然被限制在聚光灯范围内。
- 聚光区 / 光束：调整聚光区光锥的角度大小。它是以角度为测量单位的，默认值是 43，光锥以亮蓝色的锥线显示。

图 8-27

- 衰减区 / 区域：调整灯光散光区光锥的角度大小，默认值是 45。

聚光区 / 光束和衰减区 / 区域两个参数可以理解为调节灯光的内外衰减，如图 8-28 所示。

- "圆"和"矩形"：决定聚光区和散光区是圆形还是矩形。默认为圆形，当用户要模拟光从窗户中照射进来时，可以设置为矩形的照射区域。

图 8-28

- "纵横比"和"位图拟合"：当设定为矩形照射区域时，使用纵横比来调整方形照射区域的长宽比，或者使用"位图拟合"按钮为照射区域指定一个位图，使灯光的照射区域同位图的长宽比相匹配。

#### 4. "高级效果"卷展栏

该卷展栏用于控制灯光影响表面区域的方式，并提供了对投影灯光的调整和设置，如图8-29所示。

"影响曲面"选项组用于设置灯光在场景中的工作方式。

图 8-29

- 对比度：该参数用于调整最亮区域和最暗区域的对比度，取值范围为0~100。默认值为0，它是正常的对比度。
- 柔化漫反射边：取值范围为0~100。数值越小，边界越柔和。默认值为50。
- 漫反射：该复选框用于控制打开或者关闭灯光的漫反射效果。
- 高光反射：该复选框用于控制打开或者关闭灯光的高光部分。
- 仅环境光：该复选框用于控制打开或者关闭对象表面的环境光部分。当选中该复选框时，灯光照明只对环境光产生效果，而漫反射、高光反射、对比度和柔化漫反射选项将不能使用。

"投影贴图"选项组能够将图像投射在物体表面，可以用于模拟投影仪和放映机等效果，如图8-30所示。

- 贴图：开启或关闭所选图像的投影。
- 无：单击该按钮，将弹出"材质/贴图浏览器"窗口，用于指定进行投影的贴图。

图 8-30

#### 5. "阴影参数"卷展栏

该卷展栏用于选择阴影的方式，设置阴影的效果，如图8-31所示。

"对象阴影"选项组用于调整阴影的颜色和密度以及增加阴影贴图等，它是阴影参数卷展栏中主要的参数选项组。

- 颜色：阴影颜色，色块用于设定阴影的颜色，默认为黑色。
- 密度：通过调整投射阴影的百分比来调整阴影的密度，从而使它变黑或者变亮。取值范围为−1.0~1.0，当该值等于0时，不产生阴影；当该值等于1时，产生最深颜色的阴影。负值产生阴影的颜色与设置的阴影颜色相反。

图 8-31

- 贴图：可以将物体产生的阴影变成所选择的图像，如图8-32所示。
- 灯光影响阴影颜色：选中该复选框，灯光的颜色将会影响阴影的颜色，阴影的颜色为灯光的颜色与阴影的颜色相混合后的颜色。

"大气阴影"选项组用于控制大气效果是否产生阴影，一般大气效果是不产生阴影的。

- 启用：开启或关闭大气阴影。
- 不透明度：调整大气阴影的透明度。当该参数为0时，大气效果没有阴影；当该参数为100时，产生完全的阴影。

图 8-32

- 颜色量：调整大气阴影颜色和阴影颜色的混合度。当采用大气阴影时，在某些区域产生的阴影是由阴影本身颜色与大气阴影颜色混合生成的。当该参数为100时，阴影的颜色完全饱和。

#### 6. "阴影贴图参数"卷展栏

选择阴影类型为"阴影贴图"后，将出现"阴影贴图参数"卷展栏，如图8-33所示。这些参数用于控制灯光投射阴影的质量。

- 偏移：该数值框用于调整物体与产生阴影图像之间的距离。数值越大，阴影与物体之间的距离就越大。如图 8-34 所示，左图为将"偏移"值设置为 1 后的效果，右图为将"偏移"值设置为 10 后的效果。右图看上去好像是物体悬浮在空中，实际上是影子与物体之间有距离。

图 8-33 　　　　　　　　　　　　　　　　　　　图 8-34

- 大小：用于控制阴影贴图的大小，值越大，阴影的质量越高，但也会占用更多内存。
- 采样范围：用于控制阴影的模糊程度。数值越小，阴影越清晰；数值越大，阴影越柔和。取样范围为 0~20，推荐使用 2~5，默认值是 4。
- 绝对贴图偏移：选中该复选框时，为场景中的所有对象设置偏移范围。未选中该复选框时，只在场景中相对于对象偏移。
- 双面阴影：选中该复选框时，在计算阴影时同时考虑背面阴影，此时对象内部并不被外部灯光照亮，未选中该复选框时，将忽略背面阴影，外部灯光也可照亮对象内部。

### 8.2.3 课堂案例——为室内场景布光

⊕ 案例学习目标

学习使用目标聚光灯和泛光灯来为室内场景布置灯光。

⊕ 案例知识要点

通过对原始场景文件创建标准灯光来模拟室内照明灯光的布置，如图 8-35 所示。

⊕ 原始场景所在位置

资源包 / 场景 /cha08/ 室内场景布光 o.max。

⊕ 效果图场景所在位置

资源包 / 场景 /cha08/ 室内场景布光 ok.max。

⊕ 贴图所在位置

资源包 / 贴图。

图 8-35

为室内场景布光

**STEP 1** 首先打开原始场景文件，并对原始场景文件进行渲染，得到如图 8-36 所示的效果。

**STEP 2** 单击"　（创建）>　（灯光）>标准 >目标聚光灯"按钮，在"左"视图中创建目标聚光灯，在场景中调整灯光的照射角度和位置，切换到　（修改）命令面板，在"聚光灯参数"卷展栏中设置"聚光区 / 光束"和"衰减区 / 区域"的参数分别为 30 和 60。

在"强度 / 颜色 / 衰减"卷展栏中设置灯光的颜色红绿蓝为 150、150、150。勾选"远距衰减"组中的"使用"和"衰减"设置"开始"为 1500、"结束"为 3500，如图 8-37 所示。

图 8-36

图 8-37

**STEP 3** 在场景中复制灯光，并调整灯光的照射角度，如图 8-38 所示。

**STEP 4** 渲染场景得到如图 8-39 所示的效果。

图 8-38

图 8-39

**STEP 5** 单击"　（创建）>　（灯光）>标准 > 泛光"按钮，在"顶"视图中单击创建泛光灯，在场景中调整灯光的位置。切换到 （修改）命令面板，在"强度/颜色/衰减"卷展栏中设置灯光的红绿蓝为 100、100、100。勾选"远距衰减"组中的"显示"选项，设置"开始"为 1300、"结束"为 4500。

在"常规参数"卷展栏中勾选"阴影"组中的"启用"选项，设置阴影类型为"阴影贴图"，如图 8-40 所示，在场景实例中复制泛光灯。

**STEP 6** 渲染场景得到如图 8-41 所示的效果。

图 8-40

图 8-41

**STEP 7** 在场景中继续复制泛光灯，修改灯光的颜色红绿蓝为 65、65、65，如图 8-42 所示。

图 8-42

**STEP 8** 渲染得到如图 8-35 所示的最终效果。

### 8.2.4 天光的特效

天光在标准灯光中是比较特殊的一种灯光，主要用于模拟自然光线，能表现全局光照的效果。在真实世界中，由于空气中含有灰尘等介质，即使阳光照不到的地方也不会觉得暗，也能够看到物体。但在 3ds Max 2014 中，光线就好像在真空中一样，光照不到的地方是黑暗的，所以在创建灯光时，一定要让光照射到物体上。

天光可以不考虑位置和角度，在视图中的任意位置创建，都会有自然光的效果。下面先来介绍天光的参数。

单击 " （创建）> （灯光）> 标准 > 天光 " 按钮，在任意视图中单击鼠标左键，即可创建一盏天光。参数面板中会显示出天光的参数，如图 8-43 所示。

- 启用：用于打开或关闭天光。选中该复选框，将在阴影和渲染计算的过程中利用天光来照亮场景。
- 倍增：通过设置倍增的数值来调整灯光的强度。

"天空颜色"选项组。

图 8-43

- 使用场景环境：选中该选项，将利用"环境和效果"对话框中的环境设置来设定灯光的颜色。只有当光线跟踪处于激活状态时，该设置才有效。
- 天空颜色：选中该选项，可通过单击颜色样本框显示"颜色选择器"对话框，并从中选择天光的颜色。一般使用天光，保持默认的颜色即可。
- 贴图：可利用贴图来影响天光的颜色，复选框用于控制是否激活贴图，右侧的微调器用于设置使用贴图的百分比，小于 100% 时，贴图颜色将与天空颜色混合。None 按钮用于指定一个贴图。只有当光线跟踪处于激活状态时，贴图才有效。

"渲染"选项组。

- 投射阴影：选中复选框时，天光可以投射阴影，默认是关闭的。
- 每采样光线数：设置用于计算照射到场景中给定点上的天光的光线数量，默认值为 20。
- 光线偏移：设置对象可以在场景中给定点上投射阴影的最小距离。

使用天光一定要注意，天光必须配合高级灯光使用才能起作用，否则，即使创建了天光，也不会有自然光的效果。下面先来介绍如何使用天光表现全局光照效果，操作步骤如下。

**STEP 1** 在场景中创建一些几何体。单击" （创建）> （灯光）> 标准 > 天光"按钮，在视图中创建一盏天光。在工具栏中单击 （渲染产品）按钮，渲染后的效果并不是真正的天光效果。

**STEP 2** 在工具栏中单击 （渲染设置）按钮，弹出"渲染设置"窗口，切换到"高级照明"选项卡，在"选择高级照明"卷展栏的下拉列表框中选择"光跟踪器"渲染器，如图 8-44 所示。

**STEP 3** 单击"渲染"按钮，对视图中的茶壶再次进行渲染，得到天光的效果如图 8-45 所示。

图 8-44

图 8-45

### 8.2.5 灯光的特效

在标准灯光参数中的"大气和效果"卷展栏用于制作灯光特效，如图 8-46 所示。

- 添加：用于添加特效。单击该按钮后，会弹出"添加大气或效果"对话框，可以从中选择"体积光"和"镜头效果"，如图 8-47 所示。

图 8-46                           图 8-47

- 删除：删除列表框中所选定的大气效果。
- 设置：用于对列表框中选定的大气或环境效果进行参数设定。

### 8.2.6 课堂案例——射灯体积光

**案例学习目标**

学习体积光特效。

**案例知识要点**

通过创建目标聚光灯，并为聚光灯添加体积光效果，完成射灯的体积光光效，如图 8-48 所示。

**原始场景所在位置**

资源包 / 场景 / cha08/ 射灯体积光 o.max。

**效果图场景所在位置**

资源包 / 场景 / cha08/ 射灯体积光 ok.max。

**贴图所在位置**

资源包 / 贴图。

图 8-48

射灯体积光

**STEP 01** 首先打开原始场景文件，单击" （创建）> （灯光）> 标准 > 天光"按钮，使用默认参数即可，如图 8-49 所示。

**STEP 2** 单击"　（创建）> 　（灯光）> 标准 > 泛光"按钮，在"顶"视图中创建泛光灯，在场景中调整灯光的位置，切换到 　（修改）命令面板，在"强度 / 颜色 / 衰减"卷展栏中设置"倍增"为 0.5，如图 8-50 所示。

图 8-49                                                                图 8-50

**STEP 3** 设置渲染为"光线跟踪"，渲染场景得到如图 8-51 所示的效果。

图 8-51

**STEP 4** 单击"　（创建）> 　（灯光）> 标准 > 目标聚光灯"按钮，在"左"视图中创建目标聚光灯，在场景中调整灯光的照射角度和位置，在"常规参数"卷展栏中勾选"阴影"组中的"启用"选项。

在"聚光灯参数"卷展栏中设置"聚光区 / 光束"为 10、"衰减区 / 区域"为 35，如图 8-52 所示，在场景中实例复制目标聚光等。

**STEP 5** 在场景中选择其中一盏目标聚光灯，在"大气和效果"卷展栏中单击"添加"按钮，在弹出的对话框中选择"体积光"，单击"确定"按钮，添加大气后，单击"设置"按钮，如图 8-53 所示。

**STEP 6** 弹出"环境和效果"面板，在"大气"卷展栏中可以看到添加的"体积光"，如图 8-54 所示。

图 8-52

图 8-53

图 8-54

**STEP** 7 在"体积光参数"卷展栏中单击"拾取灯光"按钮，在场景中拾取作为体积光的目标聚光灯，可以查看添加的灯光，并设置"体积"组中的"密度"为 1，如图 8-55 所示。

**STEP** 8 调整场景到合适的角度，渲染场景得到最终效果，如图 8-56 所示。

图 8-55

图 8-56

# 8.3 课堂练习——创建静物灯光

**练习知识要点**

创建天光和泛光灯来形成静物灯光的效果，如图 8-57 所示。

**场景所在位置**

资源包 / 场景 /cha08/ 创建静物灯光 .max。

图 8-57

创建静物灯光

# 8.4 课后习题——设置花束的景深

**习题知识要点**

为花束设置一个合适的灯光，并设置摄影机的景深效果，完成的效果图如图 8-58 所示。

**场景所在位置**

资源包 / 场景 /cha08/ 花束的景深 .max。

图 8-58

设置花束的景深

Chapter

**9**

# 第9章
# 综合实训案例——现代
# 客厅

本章介绍现代客厅的制作。我们将详细地介
绍如何搭建模型、设置材质、创建灯光、设置渲
染等。

**课堂学习目标**

- 熟练掌握室内框架的
  搭建

- 熟练掌握家具、电
  路、灯具的制作

- 熟练掌握材质、灯
  光、渲染的设置

# 9.1 室内框架的搭建

**案例学习目标**

学习使用各种工具、命令和修改器以及材质灯光。

**案例知识要点**

通过使用各种工具和命令以及修改器来制作室内的模型。通过设置材质、灯光和渲染来完成室内效果图的制作，如图 9-1 所示。

**效果图场景所在位置**

资源包 / 场景 /cha09/ 客厅 .max。

**贴图所在位置**

资源包 / 贴图。

图 9-1

现代客厅 1

现代客厅 2

## 9.1.1 墙体和推拉门的制作

**STEP 1** 单击" （创建）> （几何体）> 长方体"按钮，在"顶"视图中创建长方体，在"参数"卷展栏中设置"长度"为 450、"宽度"为 350、"高度"为 300，如图 9-2 所示。

**STEP 2** 切换到 （修改）命令面板，为模型施加"编辑多边形"修改器，将选择集定义为"边"，在场景中选择后面垂直的两条边，在"编辑边"卷展栏中单击"连接"按钮后的 （设置）按钮，在弹出的对话框小盒中设置连接边为 1，滑块为 60，单击 （确定）按钮，如图 9-3 所示。

**STEP 3** 在场景中选择连接出的边和底端的边，在"编辑边"卷展栏中单击"连接"按钮后的 （设置）按钮，在弹出的对话框小盒中设置连接边为 2，收缩为 70，滑块为 0，单击 （确定）按钮，如图 9-4 所示。

**STEP 4** 将选择集定义为"多边形"，在场景中选择多边形，单击"编辑多边形"卷展栏中的"挤出"后的 （设置）按钮，在弹出的对话框小盒中设置挤出高度为 20，单击 （确定）按钮，如图 9-5 所示，挤出多边形后，按 Delete 键，将当前处于选择的多边形删除。

图 9-2

图 9-3

图 9-4

图 9-5

**STEP 5** 在场景中选择如图 9-6 所示的多边形，并按 Delete 键，将当前处于选择的多边形删除。

**STEP 6** 单击"■ （创建）> ○ （几何体）> 门 > 推拉门"按钮，在"顶"视图中由左向右单击拖动鼠标，在结束处单击，然后移动出门的高度。切换到 ▨ （修改）命令面板，在"参数"卷展栏中设置"高度"为 230、"宽度"为 248、"深度"为 9，在"门框"组中设置"宽度"为 10、"深度"为 5、"门偏移"为 0。

在"页扇参数"卷展栏中设置"厚度"为 6、"门挺 / 顶梁"为 5、"底梁"为 1.2、"水平窗格数"为 2，"玻璃"的"厚度"为 0.25，如图 9-7 所示。

图 9-6                                    图 9-7

## 9.1.2 吊顶的制作

**STEP 01** 下面制作吊顶。单击"（创建）>（图形）>矩形"按钮，在"顶"视图中创建矩形，在"参数"卷展栏中设置"长度"为 440、"宽度"为 350，如图 9-8 所示。

**STEP 02** 切换到（修改）命令面板，为矩形施加"编辑样条线"修改器，将选择集定义为"样条线"，在"几何体"卷展栏中设置"轮廓"为 45，如图 9-9 所示。

图 9-8                                    图 9-9

**STEP 03** 将选择集定义为"顶点"，在"几何体"卷展栏中使用"圆角"工具，设置内部矩形的圆角效果，如图 9-10 所示。

**STEP 04** 为模型施加"挤出"修改器，挤出"数量"为 10。

**STEP 05** 为模型施加"编辑多边形"修改器，将选择集定义为"边"，选择如图 9-11 所示的边。

图 9-10                                                          图 9-11

STEP 06 在"编辑边"卷展栏中单击"切角"后的 ■（设置）按钮，在弹出的对话框小盒中设置切角数量为 2、"分段"为 2，单击 ☑（确定）按钮，如图 9-12 所示。

STEP 07 将选择集定义为"多边形"，在场景中选择切角出的多边形，在"多边形：平滑组"中单击一个平滑组按钮，如图 9-13 所示。

图 9-12                                                          图 9-13

提示

在设置挤出的模型的边的切角时，需要注意的是，可以将斜的边移除，然后使用"切片"，切割垂直或水平的边，这样在切角时不会出现错误。

### 9.1.3 电视墙的制作

**STEP 1** 单击"※（创建）>※（图形）>矩形"按钮，在"左"视图中创建矩形，在"参数"卷展栏中设置"长度"为 281、"宽度"为 370，如图 9-14 所示。

**STEP 2** 切换到※（修改）命令面板，为矩形施加"编辑样条线"修改器，将选择集定义为"样条线"，在"几何体"卷展栏中设置"轮廓"为 60，如图 9-15 所示。

图 9-14                                    图 9-15

**STEP 3** 为图形施加"挤出"修改器，设置挤出"数量"为 10。

**STEP 4** 单击"※（创建）>※（几何体）>标准基本体 > 长方体"按钮，在"左"视图中创建长方体。在"参数"卷展栏中设置"长度"为 25、"宽度"为 80、"高度"为 -2，如图 9-16 所示，在场景中调整模型的位置。

**STEP 5** 按【Ctrl+V】组合键复制长方体，切换到※（修改）命令面板，在"参数"卷展栏中设置"长度"为 40、"宽度"为 80、"高度"为 -5，如图 9-17 所示。

图 9-16                                    图 9-17

STEP ⬆️6 在场景中复制长方体，如图9-18所示。

STEP ⬆️7 在场景中选择创建的第一个电视墙右侧的长方体，为模型施加"编辑多边形"修改器，将选择集定义为"顶点"，在场景中移动顶点到底部，作为背景长方体，如图9-19所示。

图9-18

图9-19

# 9.2 家具的制作

## 9.2.1 沙发的制作

STEP ⬆️1 单击" ■ （创建）> ○ （几何体）> 标准基本体 > 长方体"按钮，在"顶"视图中创建长方体，在"参数"卷展栏中设置"长度"为70、"宽度"为70、"高度"为30，如图9-20所示。

STEP ⬆️2 在场景中选择除沙发坐垫以外的模型，鼠标右击，在弹出的快捷菜单中选择"冻结当前选择"命令，如图9-21所示。

图9-20                                    图9-21

STEP **3** 在场景中选择作为沙发坐垫的模型，切换到 （修改）命令面板，在修改器列表中选择"编辑多边形"修改器，将选择集定义"边"。在场景中选择顶部是水平的一圈边，在"编辑边"卷展栏中单击"切角"后的 （设置）按钮，在弹出的对话框小盒中设置切角数量为 8、"分段"为 4，单击 （确定）按钮，如图 9-22 所示。

STEP **4** 在场景中选择垂直的边和底部的一圈水平边，如图 9-23 所示。

图 9-22

图 9-23

STEP **5** 在"编辑边"卷展栏中单击"切角"后的 （设置）按钮，在弹出的对话框小盒中设置切角数量为 2、"分段"为 3，单击 （确定）按钮，如图 9-24 所示。

STEP **6** 将选择集定义为"多边形"，在场景中选择切角出的多边形，在"多边形：平滑组"卷展栏中单击一个平滑组按钮，如图 9-25 所示。

图 9-24

图 9-25

**STEP ⬆7** 在场景中复制模型，如图9-26所示。

**STEP ⬆8** 在场景中选择图9-27所示的坐垫模型，将选择集定义为"顶点"，在场景中调整模型的长度，如图9-27所示。

图9-26

图9-27

**STEP ⬆9** 单击"（创建）>（几何体）>扩展基本体>切角长方体"按钮，在"顶"视图中创建切角长方体。在"参数"卷展栏中设置"长度"为210、"宽度"为87、"高度"为10、"圆角"为2，设置"圆角分段"为2，如图9-28所示。

**STEP ⬆10** 复制切角长方体到图9-29所示的位置，为其施加"编辑多边形"修改器，将选择集定义为"顶点"，调整模型。

图9-28

图9-29

**STEP 11** 单击"　（创建）>　（图形）>矩形"按钮，在"前"视图中创建矩形，在"参数"卷展栏中设置"长度"为 89、"宽度"为 18，如图 9-30 所示。

**STEP 12** 切换到　（修改）命令面板，为矩形施加"编辑样条线"修改器，将选择集定义为"顶点"，在"几何体"卷展栏中使用"圆角"工具，调整矩形的圆角，如图 9-31 所示。

图 9-30

图 9-31

**STEP 13** 关闭选择集，并为图形施加"挤出"修改器，在"参数"卷展栏中设置"数量"为 280，如图 9-32 所示。

**STEP 14** 接着为模型施加"编辑多边形"修改器，将选择集定义为"边"，在"编辑边"卷展栏中单击"切角"按钮，在场景中选择两侧的一圈边，在"编辑边"卷展栏中单击"切角"后的　（设置）按钮，在弹出的对话框中设置切角数量为 1、分段为 2，如图 9-33 所示。

图 9-32

图 9-33

**STEP 15** 将选择集定义为"多边形"，在场景中选择切角出的多边形，在"多边形：平滑组"

卷展栏中单击一个平滑组按钮，如图 9-34 所示。

**STEP**  单击"■（创建）> ○（几何体）> 扩展基本体 > 切角长方体"按钮，在"左"视图中创建切角长方体。在"参数"卷展栏中设置"长度"为 60、"宽度"为 70、"高度"为 13、"圆角"为 5.5、"长度分段"为 5、"宽度分段"为 5、"高度分段"为 1、"圆角分段"为 2，如图 9-35 所示。

图 9-34

图 9-35

**STEP** 切换到 ◢（修改）命令面板，为切角长方体施加"FFD4×4×4"修改器，将选择集定义为"控制点"，在"左"视图中选择中间的四组控制点，并在"顶"视图中对控制点进行缩放，如图 9-36 所示。

**STEP** 在"左"视图中选择外侧的几组控制点，在"顶"视图中缩放控制点，如图 9-37 所示。

图 9-36

图 9-37

**STEP 19** 继续调整控制点，如图 9-38 所示。

**STEP 20** 为模型施加"编辑多边形"修改器，将选择集定义为"边"，在"顶"视图中选择如图 9-39 所示的边。

图 9-38  图 9-39

**STEP 21** 在"选择"卷展栏中单击"循环"按钮，循环选择图 9-40 所示的边。

**STEP 22** 在"编辑边"卷展栏中单击"创建图形"按钮，将选择的边分离为图形，如图 9-41 所示。

图 9-40  图 9-41

**STEP 23** 选择创建的抱枕图形，在"渲染"卷展栏中勾选"在渲染中启用"和"在视口中启用"选项，设置"厚度"为 2，如图 9-42 所示，复制模型并调整其至合适的角度。

STEP ↙24 单击"  （创建）>  （几何体）> 标准基本体 > 圆柱体"按钮，在"顶"视图中创建圆柱体，在"参数"卷展栏中设置"半径"为3.5、"高度"为10，如图9-43所示。

图 9-42　　　　　　　　　　　　　　　　　　图 9-43

STEP ↙25 在场景中复制圆柱体作为沙发的腿，如图9-44所示。

STEP ↙26 在场景中复制模型作为单人沙发凳，对模型进行调整，完成沙发组模型的制作，如图9-45所示。

图 9-44　　　　　　　　　　　　　　　　　　图 9-45

## 9.2.2　茶几、地毯的制作

STEP ↙1 单击"  （创建）>  （几何体）> 扩展基本体 > 切角长方体"按钮，在"顶"视图中创建切角长方体。在"参数"卷展栏中设置"长度"为180、"宽度"为150、"高度"为1.2、"圆角"为0.4，设置"圆角分段"为2，其他分段为1，作为地毯，如图9-46所示。

**STEP** 单击"　　（创建）>　（几何体）> 标准基本体 > 长方体"按钮，在"顶"视图中创建长方体，在"参数"卷展栏中设置"长度"为 120、"宽度"为 90、"高度"为 45、"长度分段"为 3、"宽度分段"为 3、"高度分段"为 1，如图 9-47 所示。

图 9-46

图 9-47

**STEP** 切换到　（修改）命令面板，为模型施加"编辑多边形"修改器，将选择集定义为"顶点"，在"顶"视图中调整顶点，如图 9-48 所示。

**STEP** 将选择集定义为"多边形"，在"顶"视图中选择多边形，在"编辑多边形"卷展栏中单击"挤出"后的　（设置）按钮，在弹出的对话框中设置挤出高度为 -1，如图 9-49 所示。

图 9-48

图 9-49

**STEP** 将选择集定义为"边"，在场景中选择如图 9-50 所示的边，在"编辑边"卷展栏中单击"切角"后的　（设置）按钮，在弹出的对话框中设置切角数量为 0.3、"分段"为 3，如图 9-50 所示。

**STEP** 将选择集定义为"多边形"，在场景中选择切角出的多边形，在"多边形：平滑组"卷展栏中单击一个平滑组按钮，如图 9-51 所示。

图 9-50 图 9-51

**STEP 07** 单击"（创建）>（几何体）> 标准基本体 > 平面"按钮，在"顶"视图中创建平面，调整平面的位置，切换到（修改）命令面板，在"参数"卷展栏中设置"长度"为 160、"宽度"为 40、"长度分段"为 53、"宽度分段"为 1，如图 9-52 所示。

**STEP 08** 为平面施加"Cloth"修改器，在"对象"卷展栏中单击"对象属性"按钮，在弹出的对话框中单击"添加对象"按钮，添加场景中作为茶几的模型，如图 9-53 所示，单击"添加"按钮。

图 9-52 图 9-53

**STEP 09** 再次单击"对象属性"按钮，在弹出的对话框中选择茶几模型名称，选择"冲突对象"选项，如图 9-54 所示。

**STEP 10** 选择平面，选择"布料"选项，如图 9-55 所示。

图 9-54

图 9-55

**STEP 11** 单击"对象"卷展栏中的"模拟"按钮，如图 9-56 所示。

**STEP 12** 在场景中为平面施加"壳"修改器，在"参数"卷展栏中设置"外部量"为 0.5，如图 9-57 所示。

图 9-56

图 9-57

STEP 13 为平面施加"编辑多边形"修改器，将选择集定义为"顶点"，在场景中调整模型的顶点，将重叠在茶几模型上的图形进行调整，如图 9-58 所示。

图 9-58

### 9.2.3 沙发储物几的制作

STEP 1 单击"（创建）>（几何体）> 标准基本体 > 圆柱体"按钮，在"参数"卷展栏中设置"半径"为 30、"高度"为 1、"高度分段"为 1、"边数"为 30，如图 9-59 所示。

STEP 2 单击"（创建）>（图形）> 圆"按钮，在"顶"视图中创建圆，在"参数"卷展栏中设置"半径"为 30，在"渲染"卷展栏中勾选"在渲染中启用"和"在视口中启用"选项，设置"厚度"为 3，如图 9-60 所示。

图 9-59

图 9-60

**STEP 3** 单击"（创建）>（图形）>矩形"按钮，在"前"视图中创建矩形。在切换到（修改）命令面板，在"参数"卷展栏中设置"长度"为 90、"宽度"为 12、"角半径"为 1，在"渲染"卷展栏中勾选"在渲染中启用"和"在视口中启用"选项，设置"厚度"为 3，如图 9-61 所示。

图 9-61

**STEP 4** 单击"（创建）>（图形）>弧"按钮，在"顶"视图中创建弧，设置合适的参数，并设置与圆相同是可渲染的，如图 9-62 所示。

**STEP 5** 在场景中可以随时调整模型的各个比例，如图 9-63 所示。

图 9-62　　　　　　　　　　　　　　　　　　　图 9-63

### 9.2.4　电视柜的制作

**STEP**  在场景中将沙发茶几模型冻结，单击"〔创建〕>〔图形〕>矩形"按钮，在"左"视图中创建矩形，在"参数"卷展栏中设置"长度"为38、"宽度"为249，取消图形的可渲染，如图9-64所示。

**STEP** 切换到〔修改〕命令面板，为矩形施加"编辑样条线"修改器，将选择集定义为"样条线"，选择样条线，在"几何体"卷展栏中设置"轮廓"为3，如图9-65所示。

图9-64

图9-65

**STEP** 将选择集定义为"顶点"，在场景中设置外侧矩形顶点的"圆角"，如图9-66所示。

**STEP** 关闭选择集，为图形施加"挤出"修改器，在"参数"卷展栏中设置"数量"为45，如图9-67所示。

图9-66

图9-67

**STEP** 单击"〔创建〕>〔几何体〕>标准基本体 > 长方体"按钮，在"左"视图中创建长方体，作为抽屉。在"参数"卷展栏中设置"长度"为32、"宽度"为48、"高度"为3，如图9-68所示。

图 9-68

STEP 单击"（创建）>（几何体）> 标准基本体 > 圆柱体"按钮，在"前"视图中创建圆柱体。在"参数"卷展栏中设置"半径"为 1.5"高度"为 12、"高度分段"为 1、"边数"为 30，如图 9-69 所示。

STEP 在场景中复制模型，如图 9-70 所示。

图 9-69

图 9-70

# 9.3 电器的制作

## 9.3.1 电视机的制作

STEP 单击"（创建）>（几何体）> 标准基本体 > 平面"按钮，在"左"视图中创建平面。在"参数"卷展栏中设置"长度"为 88.7、"宽度"为 132，如图 9-71 所示。

**STEP** 02 单击"  （创建）>  （图形）> 矩形"按钮，在"左"视图中作为屏幕的平面位置创建矩形。在"参数"卷展栏中设置"长度"为 88.7、"宽度"为 132，如图 9-72 所示。

图 9-71                                    图 9-72

**STEP** 03 切换到  （修改）命令面板，为矩形施加"编辑样条线"修改器，将选择集定义为"样条线"，选择样条线，在"几何体"卷展栏中设置"轮廓"为 -4，如图 9-73 所示。

**STEP** 04 关闭选择集，为图形施加"挤出"修改器，在"参数"卷展栏中设置"数量"为 5，如图 9-74 所示。

图 9-73                                    图 9-74

**STEP** 05 按【Ctrl+V】快捷键，复制模型，选择复制的模型，在修改器堆栈中选择"编辑样条线"修改器，将选择集定义为"样条线"，删除内侧的样条线，并设置出样条线的外侧轮廓，如图 9-75 所示。

**STEP** 06 关闭选择集，修改"挤出"的"数量"为 6，如图 9-76 所示。

图 9-75

图 9-76

**STEP** 7 单击"（创建）>（几何体）>扩展基本体 > 切角长方体"按钮，在"左"视图中创建切角长方体。在"参数"卷展栏中设置"长度"为 104、"宽度"为 11、"高度"为 6、"圆角"为 1，如图 9-77 所示，该模型作为音响，并复制音响到另一侧。

**STEP** 8 单击"（创建）>（图形）>线"按钮，在"前"视图中创建图形，切换到（修改）命令面板，调整图形的形状，如图 9-78 所示。

图 9-77

图 9-78

**STEP** 9 为图形施加"挤出"修改器，在"参数"卷展栏中设置"数量"为 80，如图 9-79 所示。

**STEP** 10 为模型施加"编辑多边形"修改器，将选择集定义为"顶点"，在场景中调整模型顶点，如图 9-80 所示。

图 9-79                                    图 9-80

### 9.3.2 空调的制作

**STEP** 1 单击"（创建）>（图形）>矩形"按钮，在"顶"视图中创建矩形，在"参数"卷展栏中设置"长度"为 50、"宽度"为 50，如图 9-81 所示。

**STEP** 2 切换到（修改）命令面板，为矩形施加"编辑样条线"修改器，将选择集定义为"顶点"，在"几何体"卷展栏中使用"圆角"按钮，设置矩形的圆角，如图 9-82 所示。

图 9-81                                    图 9-82

**STEP** 3 关闭选择集，为图形施加"挤出"修改器，在"参数"卷展栏中设置"数量"为 10，如图 9-83 所示。

**STEP** 4 继续为模型施加"编辑多边形"修改器，将选择集定义为"边"，在场景中选择顶部的一圈边，在"编辑边"卷展栏中单击"切角"后的（设置）按钮，在弹出的对话框中设置切角数量为 0.7、"分段"为 2，如图 9-84 所示。

图 9-83

图 9-84

**STEP 05** 复制模型，调整模型的位置，并将选择集定义为"边"，选择底部一圈边，在"编辑边"卷展栏中单击"切角"后的□（设置）按钮，在弹出的对话框中设置切角数量为 0.7、"分段"为 2，如图 9-85 所示。

**STEP 06** 将选择集定义为"顶点"，在场景中移动顶部顶点，如图 9-86 所示。

图 9-85

图 9-86

**STEP 07** 将选择集定义为"边"，在场景中选择前面垂直的两个边，在"编辑边"卷展栏中单击"连接"后的□（设置）按钮，在弹出的对话框小盒中设置"连接边"为 2，如图 9-87 所示。

**STEP 08** 调整边的位置，将选择集定义为"多边形"，选择如图 9-88 所示的多边形。

图 9-87                                  图 9-88

**STEP** 9 在"编辑多边形"卷展栏中单击"挤出"后的 □（设置）按钮，在弹出的对话框小盒中设置挤出高度为 2.5，如图 9-89 所示。

**STEP** 10 将选择集定义为"边"，在场景中选择挤出的模型边，在"编辑边"卷展栏中单击"切角"后的 □（设置）按钮，在弹出的对话框小盒中设置切角量为 1.6，设置分段为 3，如图 9-90 所示。

图 9-89                                  图 9-90

**STEP** 11 将选择集定义为"多边形"，在场景中选择如图 9-91 所示的多边形，在"编辑多边形"卷展栏中单击"插入"后的 □（设置）按钮，在弹出的对话框中设置插入数量为 3。

**STEP** 12 单击" "（创建）>  （图形）> 矩形"按钮，在"顶"视图中创建矩形。在"参数"卷展栏中设置"长度"为 40、"宽度"为 4，如图 9-92 所示。

**STEP** 13 切换到 （修改）命令面板，为矩形施加"编辑样条线"修改器，将选择集定义为"顶点"，在"几何体"卷展栏中使用"圆角"按钮，在"顶"视图中调整右侧的上下两个顶点的圆角，如图 9-93 所示。

图 9-91

图 9-92

**STEP** **14** 为图形施加"挤出"修改器，设置"数量"为 1，并对模型进行旋转和复制，作为透风扇叶。

**STEP** **15** 在场景中选择空调模型，并将选择集定义为"多边形"，在场景中选择如图 9-94 所示的多边形，在"编辑多边形"卷展栏中单击"挤出"后的 (设置) 按钮，在弹出的对话框中设置挤出高度为 2.5。

图 9-93

图 9-94

**STEP** **16** 将选择集定义为"边"，在场景中选择挤出多边形的边，在"编辑边"卷展栏中单击"切角"后的 (设置) 按钮，在弹出的对话框小盒中设置切角量为 1.6，设置分段为 3，如图 9-95 所示。

**STEP** **17** 单击" (创建) > (几何体) > 标准基本体 > 长方体"按钮，在空调的位置创建长方体，调整合适的位置，切换到 (修改) 命令面板，在"参数"卷展栏中设置"长度"为 15、"宽度"为 15、"高度"为 0.5，如图 9-96 所示。

图 9-95　　　　　　　　　　　　　　　图 9-96

# 9.4 灯具的制作

下面介绍场景中灯具的制作。

## 9.4.1　筒灯的制作

**STEP 1** 单击"（创建）>（几何体）> 标准基本体 > 圆柱体"按钮，在"顶"视图中创建圆柱体。在"参数"卷展栏中设置"半径"为 4、"高度"为 3、"高度分段"为 1、"边数"为30，如图 9-97 所示。

**STEP 2** 切换到（修改）命令面板，为模型施加"编辑多边形"修改器，将选择集定义为"多边形"，在场景中选择底部的多边形，在"编辑多边形"卷展栏中单击"插入"后的（设置）按钮，在弹出的对话框中设置插入参数为 0.7，如图 9-98 所示。

图 9-97　　　　　　　　　　　　　　　图 9-98

**STEP** **3** 在"编辑多边形"卷展栏中单击"挤出"后的■（设置）按钮，在弹出的对话框中设置挤出高度为 -0.4，如图 9-99 所示。

**STEP** **4** 选择如图 9-100 所示的多边形，在"多边形：材质 ID"卷展栏中设置"设置 ID"为 1。

图 9-99

图 9-100

**STEP** **5** 将选择集定义为"边"。在场景中选择底部的两圈边，在"编辑边"卷展栏中单击"切角"后的■（设置）按钮，在弹出的对话框小盒中设置切角量为 0.2，设置分段为 2，如图 9-101 所示。

**STEP** **6** 将选择集定义为"多边形"，在场景中选择 ID1 以外的多边形，在"多边形：材质 ID"卷展栏中设置"设置 ID"为 2，如图 9-102 所示。

图 9-101

图 9-102

**STEP** **7** 在场景中对筒灯进行复制，如图 9-103 所示，调整模型到合适的位置。

图 9-103

## 9.4.2 玻璃吸顶灯的制作

**STEP 1** 单击"（创建）>（几何体）>扩展基本体 > 切角长方体"按钮，在"顶"视图中创建切角长方体。在"参数"卷展栏中设置"长度"为 80、"宽度"为 80、"圆角"为 2、"圆角分段"为 2，如图 9-104 所示。

**STEP 2** 切换到（修改）命令面板，为模型施加"编辑多边形"修改器，将选择集定义为"多边形"。在"顶"视图中选择多边形，在"编辑多边形"卷展栏中单击"插入"后的（设置）按钮，在弹出的对话框小盒中设置插入数量为 10，如图 9-105 所示。

图 9-104

图 9-105

**STEP 3** 继续上面的操作，在"编辑多边形"卷展栏中单击"挤出"后的（设置）按钮，在弹出的对话框小盒中设置挤出数量为 5，如图 9-106 所示。

STEP 04 在场景中调下部分模型的厚度，如图 9-107 所示。

图 9-106　　　　　　　　　　　　　　　　图 9-107

STEP 05 在场景中将筒灯复制到吸顶灯底座上，如图 9-108 所示。

STEP 06 单击"　　（创建）> 　　（几何体）> 标准基本体 > 几何球体"按钮，在场景中创建几何球体。在"参数"卷展栏中设置"半径"为 2.3、"分段"为 3，设置"基点面类型"为"四面体"，如图 9-109 所示。

图 9-108　　　　　　　　　　　　　　　　图 9-109

STEP 07 在场景中对几何球体进行复制，调整至合适的参数，制作出吊灯的水晶吊坠，如图 9-110 所示。

图 9-110

### 9.4.3 台灯的制作

**STEP** 1 单击"（创建）>（几何体）> 扩展基本体 > 切角圆柱体"按钮，在"顶"视图中创建切角圆柱体。切换到（修改）命令面板，在"参数"卷展栏中设置"半径"为 18、"高度"为 1、"圆角"为 0.3、"高度分段"为 1、"圆角分段"为 2、"边数"为 30，如图 9-111 所示。

**STEP** 2 单击"（创建）>（几何体）> 标准基本体 > 圆柱体"按钮，在"顶"视图中创建圆柱体。在"参数"卷展栏中设置"半径"为 2、"高度"为 40、"高度分段"为 5、"边数"为 30，如图 9-112 所示。

图 9-111        图 9-112

**STEP** 3 切换到（修改）命令面板，为模型施加"编辑多边形"修改器，将选择集定义为"顶点"，在场景中调整顶点，在"软选择"卷展栏勾选"使用软选择"选项，并设置"衰减"为 7.24，在场景中缩放顶点，如图 9-113 所示。

**STEP** 单击"  （创建）>  （几何体）> 标准基本体 > 管状体"按钮，在"顶"视图中创建管状体，在场景中调整模型的位置。切换到  （修改）命令面板，在"参数"卷展栏中设置"半径 1"为 16、"半径 2"为 15、"高度"为 30、"高度分段"为 1、"边数"为 30，如图 9-114 所示。

图 9-113

图 9-114

# 9.5 装饰品的制作

### 9.5.1 窗帘的制作

**STEP** 单击"  （创建）>  （图形）> 线"按钮，在"顶"视图中窗户的位置创建窗帘图形，如图 9-115 所示。

**STEP** 切换到  （修改）命令面板，将选择集定义为"顶点"，按【Ctrl+A】快捷键，全选顶点，鼠标右击，在弹出的快捷菜单中选择"平滑"，如图 9-116 所示。

图 9-115

图 9-116

STEP 3 调整顶点后，为图形施加"挤出"修改器，在"参数"卷展栏中设置"数量"为285，如图 9-117 所示。

STEP 4 在场景中复制窗帘模型，如图 9-118 所示。

图 9-117

图 9-118

### 9.5.2 装饰画的制作

STEP 1 单击"■（创建）> ○（几何体）> 标准基本体 > 长方体"按钮，在"左"视图中创建长方体，在"参数"卷展栏中设置"长度""宽度"均为 90，设置"高度"为 2，长度分段为 3，宽度分段为 3，如图 9-119 所示。

STEP 2 为长方体施加"编辑多边形"，将选择集定义为"顶点"，在场景中调整顶点。调整顶点后，将选择集定义为"多边形"，选择如图 9-120 所示的多边形，在"编辑多边形"卷展栏中单击"挤出"后的 ■（设置）按钮，在弹出的对话框小盒中设置挤出数量为 –1.5，如图 9-120 所示。

图 9-119

图 9-120

**STEP** 13 选择如图 9-121 所示的多边形，在"多边形：材质 ID"卷展栏中设置"设置 ID"为 1。

**STEP** 14 按【Ctrl+I】快捷键，反选多边形，设置"设置 ID"为 2，如图 9-122 所示。

图 9-121　　　　　　　　　　　　　　　　　图 9-122

**STEP** 15 复制模型，在场景中调整合适的角度创建摄影机，如图 9-123 所示。

图 9-123

# 9.6 设置材质

**STEP** 1 在场景中鼠标右击模型，在弹出的快捷材质中选择"全部解冻"命令。

**STEP** 2 选择框架模型，将选择集定义为"多边形"，在场景中选择地面多边形，设置"多边形：材质 ID"为 1，如图 9-124 所示。

STEP 03 按【Ctrl+I】快捷键，选择墙体和顶部多边形，设置"多边形：材质 ID"为 2，如图 9-125 所示。

图 9-124 图 9-125

STEP 04 关闭选择集，选择室内墙体框架，在工具栏中单击 （材质编辑器）按钮，弹出精简"材质编辑器"面板，单击"Standard"按钮，在弹出的"材质 / 贴图浏览器"中选择"多维 / 子对象"材质，单击"确定"按钮，在"多维 / 子对象基本参数"卷展栏中单击"设置数量"按钮，在弹出的对话框中设置"材质数量"为 2，单击"确定"按钮，如图 9-126 所示。

STEP 05 单击进入（1）号材质面板，在弹出的"材质 / 贴图浏览器"中选择"光线跟踪"材质，在"光线跟踪基本参数"卷展栏中设置"反射"的红绿蓝为 10、10、10，如图 9-127 所示。

图 9-126 图 9-127

**STEP** 6 在"贴图"卷展栏中单击"漫反射"后的"无"按钮，在弹出的"材质 / 贴图浏览器"中选择"位图"贴图，贴图为"抛光砖 0000.jpg"；设置"凹凸"数量为 5，并为其指定"位图"贴图，贴图为"抛光砖 0000.jpg"，如图 9-128 所示。

**STEP** 7 为（2）号材质指定"标准"材质，进入（2）号材质面板，在"Blinn 基本参数"卷展栏中设置"环境光"和"漫反射"的红绿蓝为 255、250、247，如图 9-129 所示。

图 9-128

图 9-129

**STEP** 8 在场景中为墙体框架模型施加"UVW 贴图"修改器，在"参数"卷展栏中设置"贴图"类型为"长方体"，设置"长度""宽度"和"高度"均为 160，将选择集定义为"Gizmo"，在场景汇总移动 Gizmo，如图 9-130 所示，调整地板砖至合适的位置。

**STEP** 9 在"多维 / 子对象"材质面板上，单击 （转到父对象）按钮，回到主材质面板，并将（2）号材质拖曳到新的材质样本球上，在弹出的对话框中使用"复制"，单击"确定"按钮，并将材质指定给电视背景墙和吊顶模型，如图 9-131 所示。

**STEP** 10 在材质编辑器中选择一个新的材质样本球，将材质转换为"光线跟踪"材质。在"光线跟踪基本参数"卷展栏中设置"漫反射"为黑色，设置"反射"的红绿蓝为 10、10、10。在后面可以根据情况调整反射的强度，反射为白色可以模拟镜子反射，反射颜色越接近黑色，反射越差。如图 9-132 所示，将材质指定给场景中电视墙一侧的装饰背景长方体。

图 9-130

**STEP** 11 在材质编辑器中选择一个新的材质样本球，将材质转换为"光线跟踪"材质，在"光线跟踪基本参数"卷展栏中设置"反射"的红绿蓝为 6、6、6，如图 9-133 所示。

**STEP** 12 在"贴图"卷展栏中为"漫反射"指定"位图"贴图，贴图为"木纹 0991.jpg"，如图 9-134 所示。

图 9-131

图 9-132

图 9-133

图 9-134

**STEP 13** 将设置的木纹材质指定给场景中相对应的对象，并为模型设置"UVW 贴图"修改器，在"参数"卷展栏中选择贴图类型为"长方体"，设置"长度""宽度"和"高度"均为 50，如图 9-135 所示。

**STEP 14** 选择一个新的材质样本球，将材质转换为光线跟踪材质，如图 9-136 所示，可以为其设置一些反射效果，将材质指定给场景中的电视柜和空调模型。

图 9-135 图 9-136

STEP **15** 选择一个新的材质样本球，将材质转换为光线跟踪材质，在"光线跟踪基本参数"卷展栏中设置"漫反射"的红绿蓝为 3、3、3，"反射"的红绿蓝为 67、67、67，如图 9-137 所示，将材质指定给场景中的屏幕模型。

STEP **16** 金属材质的设置也是主要设置材质为光线跟踪材质，并设置"反射"的颜色为浅灰色，将金属材质指定给场景中对应的模型即可。

STEP **17** 接下来我们将设置筒灯材质，选择一个新的材质样本球，将材质转换为"多维 / 子对象"，在"多维 / 子对象"卷展栏中单击"设置数量"按钮，设置数量为 2，将金属材质拖曳到（2）号材质上，如图 9-138 所示。

图 9-137 图 9-138

STEP **18** 单击进入（1）号材质设置面板，为（1）号材质指定"标准"材质，在"Blinn 基本参数"卷展栏中设置"环境光"和"漫反射"的颜色为白色，并设置"自发光"为 100，如图 9-139 所示。

**STEP 19** 选择一个新的材质样本球设置沙发布，在"贴图"卷展栏中为"漫反射"颜色指定"位图"贴图，贴图为"43887 副本 .jpg"，如图 9-140 所示，将材质指定给场景中的沙发坐垫。

图 9-139　　　　　　　　　　　　　　　　图 9-140

**STEP 20** 在场景中为指定的沙发布料材质的模型设置"UVW 贴图"修改器，在"参数"卷展栏中选择贴图类型为"长方体"，设置"长度""宽度"和"高度"均为 70，如图 9-141 所示。

**STEP 21** 选择一个新的材质样本球设置窗帘材质，在"贴图"卷展栏中为"漫反射"颜色指定"位图"贴图，贴图为"D8120001.jpg"，如图 9-142 所示，将材质指定给场景中的窗帘。

图 9-141　　　　　　　　　　　　　　　　图 9-142

**STEP 22** 在场景中为模型施加"UVW 贴图"修改器，在"参数"卷展栏中在"对齐"组中选择"Y"，并单击"适配"按钮，如图 9-143 所示。

**STEP 23** 地毯材质的设置主要也是指定位图贴图，位图为"43812 副本 .jpg"，如图 9-144 所示。

图 9-143

图 9-144

**STEP 24** 第一个抱枕材质，指定的位图贴图为"65.jpg"，如图 9-145 所示。

**STEP 25** 第二个抱枕材质，位图贴图为"63.jpg"，如图 9-146 所示。

图 9-145

图 9-146

**STEP 26** 第三个抱枕材质，位图贴图为"81.jpg"，如图 9-147 所示。

**STEP 27** 设置茶几上的茶几布，指定位图贴图，贴图为"23.jpg"，查看并裁剪图像，如图 9-148 所示。

图 9-147             图 9-148

**STEP 28** 为设置台灯的灯罩材质，选择一个新的材质样本球，将材质转换为光线跟踪材质，从中通过设置"漫反射"颜色来决定灯罩的颜色，通过设置"反射"的颜色，为灯罩设置一个反射效果，通过设置"透明度"可以设置灯罩的透明度，这里可以根据自己的喜好设置，如图 9-149 所示。

**STEP 29** 在场景中选择框架模型，并将选择集定义为"多边形"，在场景中选择电视背景墙多边形，在"编辑几何体"卷展栏中单击"分离"按钮，分离出多边形，如图 9-150 所示。

图 9-149             图 9-150

**STEP 30** 设置电视背景墙材质，其指定的位图贴图为"at32017cf.jpg"，如图 9-151 所示。

**STEP 31** 为分离出的多边形施加"UVW 贴图"，设置合适的参数，如图 9-152 所示。

图 9-151

图 9-152

**STEP 32** 选择一个新的材质样本球，将材质转换为"多维 / 子对象"，设置画框材质。在"多维 / 子对象基本参数"卷展栏中单击"设置数量"按钮，在弹出的对话框中设置数量为2，如图 9-153 所示。

**STEP 33** 单击进入（1）号材质设置面板，在"贴图"卷展栏中为"漫反射颜色"指定"位图"贴图，贴图为"6152.jpg"，如图 9-154 所示。

图 9-153

图 9-154

**STEP 34** 设置（2）号材质为"光线跟踪"材质，可以为其设置一个反射，在"贴图"卷展栏中为"漫反射颜色"指定"位图"贴图，贴图为"wood_108.tif"，如图 9-155 所示。

**STEP 35** 拖曳装饰画材质到新的材质样本球上，复制材质，重新命名位置，并重新指定位图贴图，为场景中的装饰画指定不同的贴图，木纹材质不需要改变，如图 9-156 所示。

图 9-155　　　　　　　　　　　　　　　　图 9-156

**STEP 36** 选择一个新的材质样本球，设置玻璃材质，将材质转换为光线跟踪材质，设置一个浅灰色的反射颜色，并设置"透明度"为白色，设置"高光级别"为 50、"光泽度"为 40，如图 9-157 所示。

**STEP 37** 在场景中选择门模型，设置门边框的"设置 ID"为 2，如图 9-158 所示。

图 9-157　　　　　　　　　　　　　　　　图 9-158

**STEP 38** 设置门模型的"设置 ID"为 1，如图 9-159 所示。

**STEP 39** 选择一个新的材质样本球，将材质转换为"多维 / 子对象"材质，设置"材质数量"为 2，并设置（1）号材质为玻璃，（2）号材质为金属，并将材质指定给场景中的推拉门，如图 9-160 所示。

图 9-159　　　　　　　　　　　　　图 9-160

# 9.7 灯光的创建

**STEP 01** 单击"（创建）>（灯光）> 标准 > 目标聚光灯"按钮，在"前"视图中创建目标聚光灯，在场景中调整灯光的位置和照射角度，切换到（修改）命令面板，在"聚光灯参数"卷展栏中设置"聚光区 / 光束"为 20、"衰减区 / 区域"为 45。

在"强度 / 颜色 / 衰减"卷展栏中设置"倍增"为 0.7，勾选"远距衰减"组中的"使用"和"显示"选项，设置"开始"为 100、"结束"为 200，如图 9-161 所示。

**STEP 02** 渲染场景可以看到如图 9-162 所示的效果，这里我们为场景中的窗帘设置有自发光参数所以能够看到。

图 9-161　　　　　　　　　　　　　图 9-162

**STEP 03** 在场景中窗外创建一个"平面"模型，作为窗外景。打开材质编辑器，设置自发光，并为"漫反射颜色"指定位图贴图，贴图为"树林 .JPG"，如图 9-163 所示。

**STEP 04** 单击"（创建）>（灯光）> 标准 > 泛光"灯按钮，在"顶"视图中创建泛光灯，在"强度／颜色／衰减"卷展栏中设置"倍增"为 0.5，勾选"远距衰减"组中的"使用"和"显示"选项，设置"开始"和"结束"分别为 200、300。

在"常规参数"卷展栏中勾选"阴影"组中的"启用"选型，选择阴影类型为"区域阴影"，如图 9-164 所示，复制泛光灯。

图 9-163

图 9-164

**STEP 05** 在"常规参数"卷展栏中取消"阴影"组中的"启用"勾选，如图 9-165 所示。

**STEP 06** 在场景中吊顶与顶之间创建"泛光"灯，在"强度／颜色／衰减"卷展栏中设置"倍增"为 2，设置颜色为黄色，在"远距衰减"卷展栏中勾选"使用"和"显示"选项，设置"开始"为 20、"结束"为 30。

在"常规参数"卷展栏中勾选"阴影"组中的"启用"选项，设置阴影类型为"区域阴影"，在场景中缩放灯光的远距衰减，使衰减布满灯池，如图 9-166 所示。

图 9-165

图 9-166

**STEP 07** 渲染场景得到如图 9-167 所示的效果。

**STEP 08** 根据渲染的效果可以更改目标聚光灯的参数和颜色，如图 9-168 所示这里更改为浅暖黄色。

**STEP 09** 渲染场景得到如图 9-169 所示。

图 9-167            图 9-168            图 9-169

**STEP 10** 在场景中选择设置阴影的两盏泛光灯，并设置"阴影参数"卷展栏中的"密度"为 0.95，如图 9-170 所示。

**STEP 11** 渲染场景得到如图 9-171 所示。

图 9-170                    图 9-171

# 9.8 设置最终效果渲染

**STEP 1** 在渲染的场景中我们将为场景背景图像材质进行修改，打开材质编辑器，选择窗背景材质，在"明暗器基本参数"卷展栏中勾选"双面"，设置"Blinn 基本参数"卷展栏中的"自发光"为 50，如图 9-172 所示。

**STEP 2** 渲染场景可以看到得到的背景效果，如图 9-173 所示。

**STEP 3** 在材质编辑器中选择灯罩材质，可以为材质设置一个发光数量，合适即可，如图 9-174 所示。

**STEP 4** 渲染场景得到如图 9-175 所示的效果，可以看到灯罩变亮了。

**STEP 5** 按 8 键，打开"环境和效果"面板，切换到"效果"选项卡，在"亮度和对比度参数"卷展栏中设置"亮度"为 0.55、"对比度"为 0.6，如图 9-176 所示。

**STEP 6** 渲染场景得到最终效果，如图 9-177 所示。

图 9-172

图 9-173

图 9-174

图 9-175

图 9-176

图 9-177